Botanische Erkursionen,
Bd. I: Winterhalbjahr

Berthold Haller · Wilfried Probst

Botanische Erkursionen, Bd. I: Winterhalbjahr

Laubgehölze im winterlichen Zustand, Nadel-Nacktsamer, Farnpflanzen, Moospflanzen, Flechten, Pilze

2. Auflage

 Springer Spektrum

Berthold Haller
Stuttgart, Deutschland

Wilfried Probst
Oberteuringen, Deutschland

ISBN 978-3-662-48685-6
DOI 10.1007/978-3-662-48686-3

ISBN 978-3-662-48686-3 (eBook)

Die Deutsche Nationalbibliothek verzeichnet diese Publikation in der Deutschen Nationalbibliografie; detaillierte bibliografische Daten sind im Internet über http://dnb.d-nb.de abrufbar.

Springer Spektrum
© Springer-Verlag Berlin Heidelberg 1978, 1983, Nachdruck 2016

Gedruckt auf säurefreiem und chlorfrei gebleichtem Papier.

Springer-Verlag GmbH Berlin Heidelberg ist Teil der Fachverlagsgruppe Springer Science+Business Media
(www.springer.com)

Vorwort zu einem Nachdruck
der Botanischen Exkursionen

Ab Mitte der 1960er Jahre nahmen die Studierendenzahlen an den deutschen Universitäten stark zu, nicht nur, weil nun die geburtenstarken Nachkriegsjahrgänge ihr Studium begannen , sondern auch, weil der Anteil der Abiturienten zugenommen hatte. Unter den naturwissenschaftlichen Fächern erfreute sich das Fach Biologie besonderer Beliebtheit. Für den Lehrbereich Spezielle Botanik am Institut für Biologie der Universität Tübingen, der für die Durchführung der biologischen Pflichtexkursionen verantwortlich war, bedeutete dies eine starke Belastung. Exkursionen lassen sich nur sinnvoll durchführen, wenn nicht mehr als 20 Teilnehmer auf einen Exkursionsleiter kommen. Deshalb wurden neben Assistenten vermehrt auch wissenschaftliche studentische Hilfskräfte („Hiwis") als Exkursionsleiter eingesetzt. Auf Vorexkursionen wurden sie auf ihre Aufgabe vorbereitet.

Um diese Vorbereitungen zu verbessern, aber auch, um den Studierenden zur Begleitung und Nachbereitung der Exkursionen Material an die Hand zu geben, verfassten Assistenten der Speziellen Botanik die „Anleitungen zu den Tübinger botanischen Pflichtexkursionen". Das Skript wurde ab dem Sommersemester 1971 verteilt und sehr gut angenommen.

Auf der Grundlage dieser „Anleitungen" konzipierten Bertold Haller und ich ab Mitte der 1970er Jahre ein Buch, das zu „Exkursionen im Winterhalbjahr" anleiten sollte. Diese Exkursionen im Wintersemester zu den Themen „Laubgehölze im winterlichen Zustand", „Nadelgehölze", „Farnpflanzen", „Moose", „Flechten" und „Pilze" waren eine Besonderheit unseres Institutes und dafür gab es in damaliger Zeit nur wenig auch für den Anfänger leicht nutzbare Literatur. Das Buch erschien 1979 beim Gustav Fischer Verlag Stuttgart.

Die weitgehend positive Resonanz auf das Buch und der gute Verkauf ermutigten Verlag und Autoren dazu, auch einen entsprechenden Band zu „Exkursionen im Sommerhalbjahr" herauszubringen. Im Gegensatz zu den Winterexkursionen waren die Exkursionen des Sommerhalbjahres vorwiegend nach Biotopen und übergreifenden ökologischen Themen geordnet, lediglich „Gräser" und „Sauergräser und Binsengewächse" beschäftigten sich mit zwei für den Anfänger nicht ganz einfachen systematischen Einheiten. Von beiden Bänden erschienen 1983 bzw. 1989 verbesserte zweite Auflagen, die hier im Nachdruck vorgelegt werden.

Die Autoren der „Anleitungen" schrieben 1971: „Um ... dem Studienanfänger den Überblick über die wichtigen Vertreter der heimischen Flora zu erleichtern, ohne ihm einen unverhältnismäßigen zeitlichen und finanziellen Aufwand zuzumuten, entschlossen wir uns, dieses Heft zusammenzustellen. Wir gingen dabei vor allem von der Tatsache aus, daß der weitaus größte Teil der Biologiestudenten den Beruf des Lehrers ausüben wird, für den eine gewisse Formenkenntnis eine unerlässliche Voraussetzung darstellt."

Ich bin auch heute noch der Meinung, dass biologische Formenkenntnis einen wichtigen Teil der Allgemeinbildung ausmacht und deshalb auch unverzichtbarer Unterrichtsstoff in den allgemein bildenden Schulen sein sollte. Dies wiederum setzt voraus, dass auch Biologielehrerinnen und -lehrer eine entsprechende Schulung erhalten sollten – auch wenn der Umfang der Life Sciences sich in den 40 Jahren, seitdem die Bücher konzipiert wurden, sehr stark vergrößert hat. Die „Botanischen Exkursionen" können dazu vielleicht auch heute noch einen wichtigen Beitrag leisten und ich freue mich deshalb, dass der Springer-Verlag sie mit einem Nachdruck und einer Ausgabe als E-Book wieder zugänglich macht.

Eine Besonderheit unseres Exkursionskonzeptes in den 1980er Jahren war eine Hinwendung von der „Demonstrationsexkursion" zur „Arbeitsexkursion". Der Exkursionsleiter oder die Exkursionsleiterin sollten nicht die einzigen Agierenden in einer Schar von ZuhörerInnen sein, vielmehr sollten sich die ExkursionsteilnehmerInnen selbst aktiv am Geschehen beteiligen. Dies war der Grund dafür, dass wir bei jeder Exkursion **Arbeitsaufgaben** für die Teilnehmenden angegeben haben. Außerdem sollten die unter dem Titel angeführten **thematischen Schwerpunkte** auf Möglichkeiten hinweisen, mit dem speziellen Exkursionsthema über die Formenkenntnis hinaus Inhalte aus der Allgemeinen Biologie zu vermitteln.

Die **Merk- und Bestimmungstabellen** sollen kein Ersatz für einen wissenschaftlichen Bestimmungsschlüssel sein. Sie sind in erster Linie als Gedächtnisstütze im Gelände und als Hilfe bei der Vorbereitung gedacht, da sie – übersichtlich angeordnet – die nicht mikroskopischen Unterscheidungsmerkmale zusammenstellen. In dieser Funktion haben sie sich im Unterricht vielfach bewährt.

Bei der Benutzung des Buches darf allerdings nicht übersehen werden, dass sich im Hinblick auf Systematik, Taxonomie und Nomenklatur der Pflanzen und Pilze in den letzten Jahrzehnten sehr viel verändert hat. Zu verdanken ist dies vor allem den ganz neuen Möglichkeiten, die sich durch vergleichende molekulargenetische Untersuchungen ergeben haben.

Die heutigen Lehr- und Bestimmungsbücher stützen sich vor allem auf den Vorschlag der Angiosperm Phylogeny Group (APG) in ihrer letzten Fassung von 2009 (APG III) und die laufend fortgeschriebene Angiosperm Phylogeny Website von P. F. Stevens (http://www.mobot.org/MOBOT/Research/APweb/).

Als weitere Quellen seien genannt:
http://www2.biologie.fu-berlin.de/sysbot/poster/poster1.pdf,
http://theseedsite.co.uk/class4.html

Zwischen und innerhalb der Pflanzenfamilien gab es zahlreiche neue Zuordnungen. Besonders deutliche Veränderungen betreffen zum Beispiel die früheren Braunwurzgewächse (Scrophulariaceae, „Rachenblütler") und Wegerichgewächse (Plantaginaceae) sowie die Lilienverwandten (frühere Liliaceae s.l., Liliengewächse). Ahorngewächse und Rosskastaniengewächse wurden in die Seifenbaumgewächse (Sapindaceae) einbezogen, zu den Geißblattgewächsen (Caprifoliaceae) zählt man heute auch die ehemaligen Familien Baldriangewächse, Leingewächse und Kardengewächse. Die Tabelle der wichtigsten einheimischen Pflanzenfamilien ist deshalb nur eingeschränkt nutzbar.

Besonders gravierend sind schließlich die Änderungen, welche die Vorstellungen von der Phylogenie der Blütenpflanzen und die damit verbundene Zuordnung zu höherrangigen taxonomischen Einheiten betrifft. Die bis in die 1990er Jahre übliche Einteilung in Unterklassen, die wir auf den Buchdeckelinnenseiten abgedruckt hatten, stimmt überhaupt nicht mehr mit den heutigen Vorstellungen überein. Deshalb wurde sie im Nachdruck weggelassen. Natürlich gilt dies auch für das Kapitel über das System der Bedecktsamer (S. 9-16). Statt dessen wurde auf den hinteren Buchdeckelinnenseiten ein Cladogramm abgedruckt, das die derzeit angenommenen verwandtschaftlichen Beziehungen für die mitteleuropäische Flora bedeutsamer Familien der Bedecktsamer wiedergibt.

Es gilt nach wie vor, was wir auf Seite 22 des alten Bandes 2 geschrieben haben: *„Für die Aneignung einer sicheren Formkenntnis ist das Erkennen der wichtigsten einheimischen Familien eine Grundvoraussetzung. Es ist unmöglich, im Rahmen der wenigen Sommersemester, die für ein Biologiestudium zur Verfügung stehen, die wünschenswerte Formkenntnis zu vermitteln. Umso wichtiger ist es, den Blick für die richtige Familienzuordnung zu schulen, das spätere Selbststudium wird dadurch wesentlich erleichtert."* Zum Glück sind viele der leicht kenntlichen einheimischen Familien, wie die Astergewächse (Korbblütler), Kohlgewächse (Kreuzblütler), Selleriegewächse (Doldenblütler) oder Taubnesselgewächse (Lippenblütler) fast unverändert erhalten geblieben. In anderen Fällen hilft ein Blick ins Internet. Über Wikipedia können die meisten „alten" Familien noch aufgerufen und ihre neue Zuordnung oder Aufteilung festgestellt werden.

Man muss davon ausgehen, dass es auch in Zukunft noch zahlreiche Veränderungen bei der systematischen Gliederung der Bedecktsamer geben wird. Die systematische Zuordnung in Bestimmungsbüchern ist deshalb schnell veraltet und die dadurch auftretenden Unterschiede in verschiedenen Büchern sind für den Anfänger zunächst verwirrend. Trotzdem sollte man sich von Anfang an bemühen, einen Blick für verwandtschaftliche Beziehungen zu entwickeln und sich zumindest einige gut charakterisierbare Familien und Gattungen einzuprägen.

Auch die Systematik der Pilze hat sich grundlegend verändert. Hier sei auf Hibbett et al. (2007): A higher-level phylogenetic classification of the Fungi, verwiesen (http://www.umich.edu/~mycology/resources/Publications/Hibbett-et-al.-2007.pdf). Allerdings hat bei den Pilzen die Zuordnung zu Familien und höheren taxonomischen Einheiten für den Anfänger auch früher keine große Rolle gespielt. Hier ist es für einen Einstieg wichtig, neben auffälligen Unterschieden der Fruchtkörperformen (Röhrenpilze, Lamellenpilze, Bauchpilze, Korallen...) häufige und charakteristische Gattungen erkennen zu können. An der Gattungszuordnung hat sich zum Glück nur wenig geändert.

Oberteuringen   Wilfried Probst
im Juli 2015

Vorwort zur zweiten Auflage

Wir freuen uns, daß schon nach drei Jahren eine Neuauflage der «Botanischen Exkursionen im Winterhalbjahr» erscheinen kann. Das große Interesse und die zahlreichen günstigen Besprechungen in der Fachpresse hängen sicherlich auch mit einer «Rückbesinnung» auf die Freilandbiologie zusammen, die in den letzten Jahren an Schulen und Hochschulen zu beobachten ist.

Wir danken allen Rezensenten und Kritikern sowie Kollegen und Studenten, die uns mit ihren Vorschlägen geholfen haben, Fehler zu beseitigen, insbesondere Herrn Prof. Dr. K. Mägdefrau. Besonders erwähnt sei auch Herr E. Walsemann, der sich viel Zeit zur Durchsicht unseres Mooskapitels genommen hat. Aus technischen Gründen konnten bei dieser 2. Auflage nicht alle Vorschläge – insbesondere solche, die sich auf Erweiterungen bezogen – berücksichtigt werden. Teilweise haben wir uns diese Vorschläge für eine spätere Neubearbeitung vorgemerkt.

Dem Verlag danken wir für die wesentlich verbesserte Ausstattung.

Die Überschriften der Tabellen wurden deutlicher hervorgehoben und an den oberen Rand gerückt, wodurch die Übersichtlichkeit erhöht und das Buchformat besser ausgenützt wird. Aufgrund praktischer Erfahrungen haben wir einige Arbeitsaufgaben verändert bzw. ergänzt.

Flensburg/Stuttgart   Berthold Haller
im September 1982   Wilfried Probst

Vorwort zur 1. Auflage

Am Lehrstuhl für Spezielle Botanik der Universität Tübingen führten wir in den Jahren 1967–1970 bzw. 1968–1977 zahlreiche botanische Exkursionen für Biologiestudenten durch. Um diese Exkursionen effektiver zu gestalten, gaben wir den Teilnehmern Listen und Tabellen als Gedächtnisstütze in die Hand, die 1971 zu einem Skript «Anleitungen zu den Tübinger botanischen Pflichtexkursionen» zusammengefaßt wurden.

Der Gustav Fischer-Verlag interessierte sich für dieses Heft. So wurden wir zu einer Neugestaltung angeregt, in deren Verlauf die synoptischen «Merk- und Bestimmungstabellen» als Kernstück dieses Buches entstanden. Sie können durchaus eine Bestimmungshilfe sein, doch soll ihr Hauptzweck darin liegen, das Kennenlernen und Einprägen der Formen zu erleichtern. Sie sind als eine Art Gedächtnisstütze gedacht, einerseits für den Exkursionsleiter, der hier komprimiert die wichtigsten Gliederungskriterien und Bestimmungsmerkmale für eine behandelte Gruppe auf einen Blick überschauen kann, zum anderen für den Exkursionsteilnehmer, der eine Gliederung der Formenfülle vorfindet, die ihm das Unterscheiden, Einordnen und Behalten erleichtert.

Der Inhalt dieses Buches erstreckt sich auf den mitteleuropäischen Raum außer den Alpen und Küsten. Der begleitende Text soll in erster Linie den theoretischen Hintergrund knapp rekapitulieren, er ist nicht dazu geeignet, ein botanisches Lehrbuch zu ersetzen.

Allen, die durch Rat und Tat, kritische Durchsicht der Tabellen und Verbesserungsvorschläge zum Entstehen des Buches beigetragen haben, danken wir herzlich, insbesondere Herrn H. O. Martensen (Flensburg), Frl. U. Köhle sowie den Herren W. Frey, W. Kramer und S. Lelke (alle Tübingen).

Dem Gustav Fischer Verlag danken wir für seine Anregung und sein verständnisvolles Entgegenkommen.

Wir bitten unsere Leser, die Brauchbarkeit dieser «Anleitungen» kritisch zu prüfen und unsere Arbeit mit Korrekturen und Verbesserungsvorschlägen zu unterstützen.

Flensburg/Stuttgart
im Oktober 1978

Berthold Haller
Wilfried Probst

Inhalt

Einleitung

1. Warum machen wir biologische Exkursionen?

Durch das Fernsehen haben wir heute die Möglichkeit, mit SIELMANN die Dschungel Sumatras zu durchstreifen, wir begleiten GRZIMEK in den Ngoro-Ngoro-Krater, wir tauchen mit COUSTEAU in der Karibik, ja wir können sogar Wale und Robben unter dem antarktischen Eis beobachten.

In der Schule steht für den Biologieunterricht eine Fülle von Unterrichtsfilmen, Videobändern und Dias zur Verfügung, auf denen wir Verhaltensabläufe vollständiger sehen können als auf einem Spaziergang im Stadtwald. Seltene Pflanzenarten und Pflanzengesellschaften, besondere Bestäubungseinrichtungen und andere Anpassungen können im Bild deutlicher und müheloser vorgeführt werden als in der freien Natur. – Warum also sollen wir Exkursionen machen?

Weil man einen Wald, eine Wiese, einen See nicht ins Zimmer holen kann, auch nicht mit dem schönsten Film! Begegnungen mit Pflanzen und Tieren in der Landschaft sind Erlebnisse, die alle Sinne erfassen: Hitze und Kälte, peitschender Regen und sengende Sonne, Modergeruch und Nektarduft. Haben wir eine Landschaft oder einen bestimmten Biotop einmal erlebt, dann erinnern wir uns all dieser Eindrücke wieder, wenn wir ein Bild davon sehen.

Der Blick für Geländeformen, Expositionen, Boden- und Gesteinstypen und den damit zusammenhängenden Verteilungsmustern von Pflanzenarten und -gemeinschaften kann nur im Gelände erworben und geschärft werden. Dasselbe gilt für viele Beziehungen zwischen Pflanzen und Tieren in der Lebensgemeinschaft. Das fängt an mit den Insekten als Blütenbesuchern, geht über die vielfältigen Fraßspuren, die verschiedenste Tiere in der Vegetation hinterlassen, bis zu zahlreichen Tierarten, die ganz eng an eine Pflanzenart gebunden sind (Raupen, Gallenbildner usw.).

Für die naturkundliche Ausbildung an allen Schulen und Hochschulen sind deshalb eigene praktische Erfahrungen im Gelände unentbehrlich, für zukünftige Biologielehrer sind sie in weit größerem Umfang zu fordern als dies heute getan wird.

Auch auf dem Gebiet der Erwachsenenbildung und Freizeitgestaltung besteht ein zunehmendes Interesse für Flora und Fauna. Der große Zuspruch, den biologische Exkursionen an Volkshochschulen haben, läßt heute schon einen Mangel an geeigneten Lehrern erkennen.

Wir wenden uns mit diesem Buch deshalb v. a. an Hochschullehrer, Lehrer und Studenten sowie an Leiter entsprechender Volkshochschulkurse usw. Wo die eigene Erfahrung noch weitgehend fehlt, soll es die notwendigen Informationen in leicht zugänglicher, aber konzentrierter Form bieten. Die für jeden Exkursionsleiter unentbehrliche Formenkenntnis soll durch die Tabellen, die insbesondere als Merkhilfe gedacht sind, unterstützt werden.

2. Wie sollten botanische Exkursionen durchgeführt werden?

Die klassische Form der Exkursion, wie wir sie von den meisten unserer Hochschulen kennen, würde man besser «Demonstrationen im Gelände» nennen. Der Exkursionsleiter ist hier in der Regel der allein Agierende, er sucht die Objekte aus, demonstriert und erklärt etwas, was von den entfernteren Teilnehmern gar nicht wahrgenommen werden kann, insbesondere aber nennt er die Namen der Objekte. Bei einer kleinen Gruppe von Zuhörern mag die Aufmerksamkeit groß sein, es werden Fragen gestellt, neue Objekte gesucht usw. Üblicherweise ist aber die Teilnehmerzahl so groß, daß sich nur eine kleine Gruppe um den Exkursionsleiter schart, während andere mehr oder weniger apathisch in einigem Abstand folgen; wieder andere nutzen schließlich die Exkursion zu sozialen Kontakten oder der Vertiefung bereits angeknüpfter Beziehungen (sie halten sich mehr im Hintergrund auf und erscheinen im Blickfeld des Exkursionsleiters nur zum Testat). Leider erschöpft sich die Information, die der Exkursionsleiter gibt, nicht selten in der raschen Folge lateinischer Namen, zu denen jeweils eine bestimmte Pflanze hochgehalten wird (vgl. nebenstehende Abb.).

Die großen Studentenzahlen des letzten Jahrzehnts haben teilweise dazu geführt, daß die Exkursionen an Universitäten generalstabsmäßig geplant und durchgeführt werden mußten (in Tübingen waren bis zu 350 Teilnehmer zu verzeichnen!). Für die meisten Teilnehmer war der Hauptzweck einer solchen paramilitärischen Übung das Testat am Ende der Veranstaltung. Daß es auch schon in früheren Zeiten solche Massenveranstaltungen gegeben hat, wissen wir z. B. von LINNÈ: Er ließ seine Teilnehmer durch ein Waldhorn zusammenblasen, wenn ein besonderer Fund gemacht worden war.

Grundsätzlich sollte bei solchen «Demonstrationsexkursionen» die Teilnehmerzahl pro Exkursionsleiter die Zahl 15 nicht übersteigen.

Natürlich hat man sich vielerorts bemüht, Exkursionen – trotz hoher Teilnehmerzahlen – effektiv zu gestalten. Bei den meisten dieser Reformversuche steht die Bemühung im Vordergrund, die Teilnehmer zu aktiver Mitarbeit anzuregen. Besonders günstig scheint es uns, wenn es gelingt, eine weitgehend selbständige Gruppenarbeit zu erreichen. In diesem Fall ist der Exkursionsleiter vor allem Organisator der Geländearbeit. Eine Arbeitsgruppe sollte aus höchstens vier Personen bestehen, ein Leiter kann mehrere Gruppen betreuen. Natürlich muß der Leiter jederzeit für Informationen zur Verfügung stehen, diese müssen aber von den Beteiligten aktiv eingeholt werden.

So kann man z. B. eine Exkursion durchführen mit dem Ziel: «Kennenlernen der häufigsten epiphytischen Moose und Flechten sowie Feststellung ihrer ökologischen Präferenzen.» Lohnende Exkursionsziele sind Baumwiesen mit alten Obstbäumen, aber auch Chaussee-Bäume, Parkbäume, Laub(Misch-)wälder usw. eignen sich. Die Teilnehmer erhalten hierzu eine Liste im Gebiet häufiger Arten, die sie kennenlernen und für die ökologischen Untersuchungen berücksichtigen sollen sowie einen Bestimmungsschlüssel (etwa die in diesem Buch abgedruckten Tabellen für Moose und Flechten). Außerdem wird die Anweisung gegeben, von jeder berücksichtigten Art ein Belegexemplar zu sammeln (Zeitungspapier-Tüte), um die sorgfältige Nachbestimmung mit einem wissenschaftlichen Schlüssel zu ermöglichen.

Eine exakte Artbestimmung ist jedoch nicht unbedingt nötig. Sinnvolle Aussagen können schon gemacht werden, wenn man die vorkommenden Arten den großen Gruppen zuordnet (z. B. beblätterte bzw. thallose Lebermoose, gipfelfrüchtige bzw. seitenfrüchtige Laubmoose; Bart-, Strauch-, Blatt-, Krustenflechten). Leicht kenntliche Arten können gesondert berücksichtigt werden. So kann man sich gut dem Kenntnisstand der Teilnehmer und der zur Verfügung stehenden Zeit anpassen. Auch eine anschließende Auswertung im Labor (Praktikum) ist möglich.

Erste Aufgabe der Teilnehmer ist es nun, die in der Liste aufgeführten Arten zu suchen und kennenzulernen (hat man wenig Zeit, so kann man diesen Teil der Exkursion auch als «Demonstration» abhalten). Dabei wird schon deutlich, daß die Verteilung der verschiedenen Arten am einzelnen Stamm sowie an Stämmen verschiedener Baumarten bestimmten Regeln folgt. Solche Erkenntnisse können nun als Hypothesen formuliert werden, z. B.: «Junge Bäume sind epiphytenärmer als ältere»; «an Bäumen mit glatter Borke wachsen weniger Epiphyten als an Bäumen mit rauher Borke»; «am Stammgrund wachsen andere Arten als weiter oben»; «Flechten bewachsen die trockeneren, Moose die feuchteren Teile eines Stammes» usw. Als nächstes sollte man gemeinsam überlegen, wie sich diese Vermutungen überprüfen lassen. Anleitungen hierzu finden sich bei den Arbeitsaufgaben in Kap. IV und V.

Solche «Arbeitsexkursionen» machen den Teilnehmern i. a. viel mehr Spaß als reine «Demonstrationen». Das Bedürfnis, soziale Kontakte aufzunehmen, wird hierbei nicht unterdrückt, sondern gefördert, da immer in Gruppen gearbeitet wird. Bei dieser Teamarbeit wirken sich unterschiedliche Vorkenntnisse der Teilnehmer meist nicht störend aus. Es wird nicht nur Wissen vermittelt, es werden auch Fertigkeiten geschult (z. B. Üben im Pflanzenbestimmen). Wiederholungen, die zum Kennenlernen neuer Arten unerläßlich sind, ergeben sich hier ganz von selbst.

Ziel unseres Buches ist nicht nur, zur Durchführung von Exkursionen anzuregen, wir wollen auch erreichen, daß Exkursionen v. a. als «Geländepraktika» durchgeführt werden. Für jedes vorgeschlagene Exkursionsthema geben wir deshalb an: *Thematische Schwerpunkte* bezüglich morphologischer, ökologischer, systematischer u. a. Fragestellungen, die dabei behandelt werden können, ferner lohnende *Exkursionsziele* sowie *Arbeitsaufgaben* (Vorschläge für spezielle Untersuchungen).

4

3. Die Auswahl der Exkursionen für das Winterhalbjahr

Wir haben unser Buch in zwei Bände geteilt und wollen damit insbesondere der Gliederung in Winter- und Sommersemester an den Hochschulen bzw. in Winter- und Sommerhalbjahr an den Schulen entgegenkommen. Naturgemäß ist der Sommer die große Zeit der Exkursionen. Eine Beschränkung auf die Sommerzeit ist aber nicht notwendig, ja man könnte sich dies wegen der Kürze der Studienzeit in der Hochschulausbildung ohnehin nicht leisten.

Ein Exkursionsthema, das sich am besten in der Zeit zwischen Dezember und Januar bearbeiten läßt, sind die *«Laubgehölze im Winterzustand»*. Neben Knospen, Blattnarben, Rinde bzw. Borke ist auch der Aufbau des gesamten Sproßsystems im Winter viel besser zu erkennen.

Die meist immergrünen *Nadelgehölze* können natürlich zu jeder Jahreszeit studiert werden, doch fallen sie im Winter in Parkanlagen, Friedhöfen und Vorgärten viel stärker auf als im Sommer, wenn sie mit Laubbäumen und Blumen konkurrieren müssen.

Ähnliches gilt auch für die *Farnpflanzen*. In vielen Gebieten wird sich für diese eine eigene Exkursion nicht lohnen. Dort ist es sinnvoll, sie bei einer Moosexkursion mitzubehandeln.

Die *Moose* sind ebenso ein lohnendes Thema für Exkursionen in der kalten Jahreszeit, die ja meist auch eine feuchte Jahreszeit ist. Da die Moospflänzchen bei anhaltender Feuchtigkeit immer schön entfaltet und die meisten Kräuter abgestorben sind, kommen nun auch die Moospolster und -rasen zum Vorschein, die normalerweise unter der Krautschicht versteckt sind.

Die beste Jahreszeit, um *Pilze* zu sammeln, ist bekanntlich der Herbst. Hier dürfte ebenfalls die größere Feuchtigkeit – Taufall und Nebelbildung in Bodennähe – eine wichtige Rolle spielen. Zahlreiche Pilze, insbesondere Holzbewohner, wachsen aber bei frostfreier Witterung den ganzen Winter über.

Schließlich können die *Flechten* gut im Winterhalbjahr untersucht werden. Auch bei ihnen ist die höhere Luftfeuchtigkeit der kalten Jahreszeit dem Gedeihen und dem Aspekt ihrer Gesellschaften recht förderlich.

4. Zur Benutzung der Merk- und Bestimmungstabellen

Unsere Tabellen stellen eine Kombination aus polytomem Schlüssel in Tabellenform und Merkmalstabelle dar[1]. In der oberen Zeile stehen die Merkmale, in der letzten Spalte die Namen der Taxa. Arten mit ähnlichen Merkmalskombinationen sind möglichst benachbart angeordnet. Merkmalsgegen-

---

[1] s. B. HALLER und W. PROBST. 1977. Literaturverzeichnis Kap. II.

sätze werden durch dicke waagrechte Striche hervorgehoben, um daran zu erinnern, daß man bereits ausgeschlossene Alternativen in einer neuen Merkmalsspalte nicht mehr zu berücksichtigen hat! Innerhalb einer Merkmalsspalte wird häufig nach Art des Tabellenschlüssels weiter aufgegliedert.

Man kann die Tabellen weitgehend wie einen Bestimmungsschlüssel verwenden. Dies sei am Beispiel der Coniferentabelle (S. 37) verdeutlicht: Bestimmung der Weißtanne (*Abies alba*):

1. Schritt; Wahl zwischen drei Möglichkeiten: «Blätter laubblattartig», «Blätter schuppenförmig», *«Blätter nadelförmig»*.
2. Schritt: Tab. 1, Spalte «Nadelstellung»: *«wechselständig»* usw.
3. Schritt: Tab. 1, Spalte «Nadelgrund»: *«nicht mit grüner Basis herablaufend»*. Die Kombination der Schritte 2 und 3 führt bereits zum Ergebnis: Abietoideae, Tab. 4.
4. Schritt: Tab. 4 (Abietoideae), Spalte «Nadeln»: «mit grünem, scheibenförmigem Grund»: Tanne (*Abies*). Hier erfährt man noch, daß die einzige heimische Art die Weißtanne (*Abies alba*) ist.

Die Reihenfolge der Merkmale kann man beim Bestimmen selbst festlegen und so auf mehreren unabhängigen Wegen zum Ergebnis kommen (hohe Redundanz). So ist eine Bestimmung oft auch dann möglich, wenn das betreffende Individuum unvollständig ist und deshalb nicht alle Merkmale zeigt (bei Coniferen z. B. ein Zweig ohne Zapfen).

Die Tabellen sind nicht allumfassend und sollen keinen Ersatz für einen wissenschaftlichen Bestimmungsschlüssel darstellen! Wir haben uns im Gegenteil darum bemüht, die wichtigen und häufigen Arten auszuwählen. Die aufgenommenen Arten, Gattungen oder Familien sollte ein Exkursionsleiter im Gelände ansprechen können.

In erster Linie sind die Tabellen als Gedächtnisstütze im Gelände und als Hilfe bei der Vorbereitung gedacht, da sie – übersichtlich angeordnet – die nichtmikroskopischen Differentialmerkmale zusammenstellen. In vielen Fällen dürften besonders die Übersichtstabellen eine wertvolle Hilfe sein, um einen Überblick zu bekommen und damit den richtigen «Einstieg» in den wissenschaftlichen Bestimmungsschlüssel zu finden.

Die Tabellen sind mehrfach im Unterricht erprobt worden, doch sind sicherlich noch nicht alle Unzulänglichkeiten ausgemerzt. Auch die Artenauswahl ist möglicherweise in manchen Fällen noch nicht optimal. Für Verbesserungsvorschläge wären wir unseren Lesern dankbar.

I. Laubgehölze im winterlichen Zustand

Thematische Schwerpunkte

Morphologie

Verzweigungssysteme bei Sproßpflanzen
Wachstum von Sproßsystemen
Morphologie der Knospen

Ökologie

Überwinterung von Gehölzen (Phanerophyten)
Transpirationsschutz
Frosttrocknis

Exkursionsziele

Waldränder, Hecken («Knicks»), Gärten, Parkanlagen

1. Unterscheidungsmerkmale

Die meisten Laubgehölze erkennen wir besonders gut an ihren Blättern. Im winterlichen, unbelaubten Zustand ist eine Unterscheidung deshalb viel schwieriger. Die Art der Verzweigung, die Struktur der Borke, die Farbe der Rinde an jungen Zweigen und schließlich die Knospen und Blattnarben liefern zwar eine Fülle von guten Unterscheidungsmerkmalen, doch muß der Blick für diese Merkmale erst geschult werden. Da hier eine besonders exakte Beobachtung notwendig ist, eignen sich unbelaubte Zweige gut zum Einüben des wissenschaftlichen Bestimmungsvorgangs.

2. Knospen

Knospen sind die Ruhe- oder Überwinterungsformen der nächsten Jahrestriebe. Manchmal unterscheiden sich die Knospen vegetativer Triebe deutlich von Knospen, aus denen Blüten oder Blütenstände hervorgehen. In der Knospe ist der junge Sproß zwar noch sehr stark gestaucht, läßt jedoch schon gut seine verschiedenen Teile erkennen, wenn man einen Längsschnitt anfertigt (Abb. I.1).

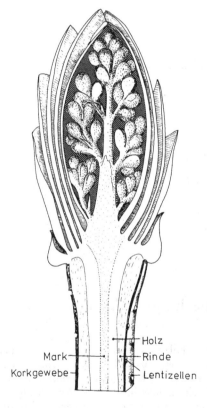

Holz

Mark

Rinde

Korkgewebe

Lentizellen

Abb. I.1

Außen sind die Knospen in der Regel von besonderen Schutzorganen, den *Schuppen*, umgeben, die vor allem einen *Transpirationsschutz*, in geringerem Maße auch einen *Temperatur-* und *Strahlungsschutz* darstellen. Sie sind deshalb meist recht derb, verkorkt, häufig auch behaart oder von einer harzähnlichen Balsamschicht überzogen.

Ein Schutz vor Wasserverlust durch Transpiration ist im Winter besonders wichtig, da der Wassernachschub während Frostperioden praktisch unterbunden ist. Dabei sind vor allem sonnige, aber kalte Wintertage kritisch, da sich die Pflanzentriebe durch die Einstrahlung erheblich erwärmen können.

Auch die Gehölze subtropischer Trockengebiete werfen während der Trockenzeit ihr Laub ab und besitzen Knospen mit Knospenschuppen. Die Gehölze des immerfeuchten tropischen Regenwaldes dagegen sind immergrün und haben «nackte» Knospen ohne Schuppen. Selten fehlen Knospenschuppen auch bei einheimischen Gehölzen, so beim Wolligen Schneeball, bei dem die Behaarung der Blattanlagen den Schutz übernimmt.

Präpariert man die Knospenschuppen von außen nach innen ab, z. B. bei einer Roßkastanie (größte Knospen!), so erhält man die in Abb. I.2 dargestellte Reihe. Entwicklungsgeschichtlich entsprechen die äußeren Schuppen dem verbreiterten Blattgrund, die inneren Schuppen tragen an ihrer Spitze noch mehr oder weniger große Reste der Blattspreite. Beim Aufwachsen der Roßkastanienknospen kann man alle Übergangsformen von den spelzigen Außenschuppen bis zu vollentwickelten Laubblättern beobachten. Ähnliche Verhältnisse finden wir z. B. bei Ahorn-Arten, Walnuß, Flieder, Holunder und Esche. Seltener entsprechen die Knospenschuppen auch vollständigen (verkleinerten) Blättchen, z. B. bei Geißblatt und Liguster.

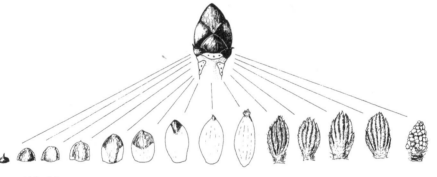

Abb. I.2

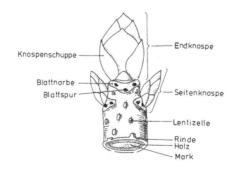

Abb. I.3

Die Zahl der Knospenschuppen ist von Art zu Art verschieden. So haben die Weidenarten nur eine einzige Schuppe, einige Arten besitzen 2–4 Schuppen (z. B. Erlen- und Lindenarten, Eßkastanie, Platane). Die meisten Laubgehölze besitzen jedoch mehr als 4 Knospenschuppen (Abb. I.4).

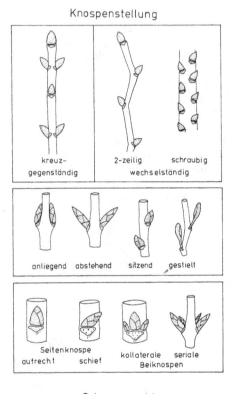

Knospenstellung

kreuz-gegenständig   2-zeilig   schraubig
                      wechselständig

anliegend   abstehend   sitzend   gestielt

Seitenknospe
aufrecht   schief   kollaterale   seriale
                      Beiknospen

Schuppenzahl

ein-   zwei-   drei-   vielschuppig

Abb. I.4

Neben dem Transpirationsschutz gewähren die Knospenschuppen dem jungen Trieb auch Schutz vor Licht- und Wärmestrahlen. So können Knospen, an denen man die Schuppen abpräpariert hat, im Spätwinter durch die Einwirkung der Sonnenstrahlung vorzeitig zum Austreiben veranlaßt werden. Die Lichtknospen in den Baumwipfeln haben in der Regel dickere und pigmentreichere Knospenschuppen als die Schattenknospen im Inneren der Kronen und im Unterwuchs. Im Frühjahr treiben diese Schattenknospen deshalb zuerst aus: Ein dichter Buchenwald ergrünt von innen nach außen und von unten nach oben.

Die oberste Knospe eines Triebes wird als *Endknospe* bezeichnet. Sie ist oft größer als die *Seitenknospen* und besitzt manchmal auch mehr Schuppen. Fehlt eine echte Endknospe, so übernimmt die oberste Seitenknospe die Fortführung des Längenwachstums. Beim Flieder wird diese Aufgabe von den beiden obersten Seitenknospen (gegenständig) übernommen, was jedes Jahr zu einer Gabelung des Sprosses führt.

Die *Knospenstellung* entspricht der Blattstellung am Zweig, da die Knospen immer in den Blattachseln angelegt werden. (Die zurückbleibenden Blattnarben sind also immer unterhalb der Knospen zu finden). Recht häufig sind kreuzgegenständig angeordnete Knospen (z. B. Ahornarten, Esche, Holunder, Flieder, Liguster). Wechselständige Knospen stehen meist schraubig (z. B. Eiche, Pappel, Walnuß, Obstbäume), seltener zweizeilig (z. B. Rot- und Hainbuche, Linde, Ulme), sehr selten auch unregelmäßig zerstreut (Johannistriebe der Eiche (Abb. I.4). Beim Kreuzdorn sind die oberen Knospen gegenständig, weiter unten am Trieb aber wechselständig. Erkennt man bei einem Baum die Knospenstellung wegen zu großer Entfernung nicht, so kann man sich natürlich an der Stellung der Zweige orientieren, da diese unmittelbar von der Knospenstellung abhängt.

Neben oder über einer *Hauptknospe* stehen manchmal auch noch *Beiknospen* (z. B. Forsythie, Rote Heckenkirsche).

Auch die *Größe der Knospen* ist – obwohl sie innerhalb einer Art und sogar an einem Baum stark variieren kann – ein wichtiges Bestimmungsmerkmal. Meist sind jedoch *Form* und *Farbe* wichtiger. Bezeichnend ist auch die *Stellung zum Trieb:* Beim Bergahorn z. B. stehen die Knospen vom Zweig ab, während sie beim Spitzahorn eng anliegen.

In wenigen Fällen können die Knospen unter der Blattnarbe verborgen sein (Robinie, Pfeifenstrauch).

Nur selten sind die Knospen gestielt (Erlenarten). Dies darf nicht verwechselt werden mit dem viel häufigeren Fall, daß Knospen an sehr kleinen Kurztrieben sitzen. Im Unterschied zum Knospenstiel ist jedoch ein Kurztrieb meist geringelt und trägt Blattnarben (Abb. I.4 und I.6).

3. Blattnarben

Der Blattfall kommt durch eine Schicht kleiner, plasma- und stärkereicher Parenchymzellen zustande, die sich kurz zuvor durch Teilung schon ausdifferenzierter Parenchymzellen bilden. Alle Festigungselemente sind hier reduziert, verholzt sind nur die Gefäße. Das Blatt löst sich an dieser «präformierten» Bruchstelle durch Verschleimen der Mittellamellen des Trenngewebes ab. Die äußersten Zellen der so entstandenen Wundfläche wandeln sich in verholzendes Cutisgewebe um, darunter bildet sich eine Korkschicht, die an die Korkschicht des Sprosses anschließt. Auf der so entstandenen *Blattnarbe* zeichnen sich die Abrißstellen der Leitbündel, die *Blattspuren*, als Punkte, Striche, Kreise usw. ab. Die Form der Blattnarben sowie die Zahl, Form und Lage der Spuren sind artcharakteristisch und manchmal wichtig für die Bestimmung (Abb. I.3).

4. Rinde und Borke

Beim sekundären Dickenwachstum des Sprosses kommt es meist schon relativ früh (Juli – August des ersten Jahres) zum Aufsprengen der Epidermis und zur Ausbildung eines sekundären Abschlußgewebes aus verkorkten Zellen. Durch die Bildung eines solchen interzellularenfreien Mantels aus Korkzellen würde der Gasaustausch des Triebes unterbunden. Als Ersatz für die Spaltöffnungen werden deshalb besondere, meist schon mit bloßem Auge sichtbare Öffnungen, sog. *Lentizellen*, angelegt. Form, Farbe, Zahl und Größe der Lentizellen sind ein charakteristisches Merkmal junger Zweige (Abb. I.1).

Die Zellschichten, die außerhalb der Kork-Bildungsschicht (Phellogen) liegen, werden von der Nährstoffzufuhr durch den Sproß abgeschnitten und sterben ab. Auch das Phellogen kann mit dem weiteren Dickenwachstum des Zweigs nicht Schritt halten, es wird bald durch ein tieferliegendes neues Kork-Bildungsgewebe ersetzt. So werden innerhalb der Rinde immer wieder neue Korkschichten angelegt, und die abgestorbenen Gewebeschichten werden nach außen immer dicker (*Borkebildung*). Die Borke wird schließlich meist längsrissig, kann aber auch in Platten (Platane, Kiefer) oder Ringen (Kirsche) abblättern. Für die Arterkennung sind sowohl die Rinde der 1–2jährigen Zweige als auch die Borke des Stammes und der älteren Äste von Bedeutung.

5. Verzweigungssysteme

Für die Gestalt eines Baumes oder Strauches sind Wuchsrichtung der Hauptachse(n), Winkel zwischen Seitenzweigen und Hauptachse (Ablaufwinkel) sowie Anordnung und Verteilung der Seitenzweige höherer Ordnung maßgebend.

Monopodiale und sympodiale Sproßsysteme: Sind die Seitenzweige der Hauptachse deutlich untergeordnet, so spricht man von «monopodialer» Verzweigung (z. B. Buche, vgl. Abb. I.6, Esche, Ahorn-Arten, besonders ty-

pisch bei Fichten- und Tannen-Arten). Wachsen jedoch die obersten Seitenzweige stärker als die Hauptachse oder stellt die alte Hauptachse ihr Wachstum sogar ganz ein und die oberen Seitenäste übernehmen ihre Funktion, so
nennt man das Verzweigungssystem «sympodial», z. B. Linden- und Ulmen-
arten, Hainbuche (Abb. I.5).

Setzen zwei Seitenzweige gleicher Ordnung das Wachstum fort, so kommt
es zu einer Gabelung («Pseudodichotomie»), wie bei der Mistel oder –
teilweise – beim Flieder.

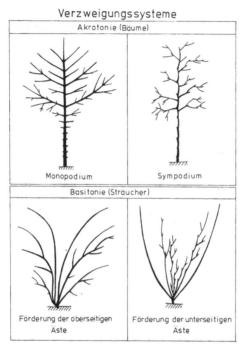

Abb. I.5 (nach v. Denffer, verändert)

Akrotonie, Basitonie, Mesotonie: Nicht in allen Blattachseln müssen Knospen gebildet werden. Auf diese Weise behält sich die Pflanze eine «Knospenre-
serve» vor, die erst bei Bedarf – z. B. nach Verletzungen oder Schnitt – entwik-
kelt werden kann. Solche potentiell zur Knospenbildung befähigten
Gewebezonen nennt man «Ruhende Knospen» oder «Schlafende Augen». Im
Gegensatz zu tierischen Zellen bleiben jedoch viele Pflanzenzellen ohnehin
totipotent, so daß Neubildungen auch von anderen Zellen ausgehen können
(z. B. Stockausschläge aus Baumstümpfen).

Je nachdem, welche Seitentriebe eines Sproßsystems austreiben oder besonders gefördert werden, unterscheidet man zwischen *akrotonen* (an der Spitze

13

geförderten), *mesotonen* und *basitonen* (an der Basis geförderten) Systemen (Abb. I.5). Bäume sind in der Regel akroton, Sträucher meso- oder basiton. *Lang- und Kurztriebe:* Entwicklung und Längenwachstum der Seitenzweige können stark variieren. Oft lassen sich deutlich zwei Sorten von Trieben unterscheiden (vgl. Abb. I.6): Eine kleinere Anzahl wächst zu «Langtrieben» mit gestreckten Internodien aus, während der größte Teil der Seitentriebe gestaucht bleibt und oft rosettig gehäufte Blätter oder Blüten trägt («Kurztriebe»). Bei der Sauerkirsche und beim Apfel ist die Ausbildung von Blüten auf die Kurztriebe beschränkt. Durch das Schneiden möchte man deshalb die Anlage solcher Sproßsysteme mit vielen Kurztrieben («Fruchttriebe») begünstigen, während man die langen «Holztriebe» oder «Wasserschosse» zurückschneidet.

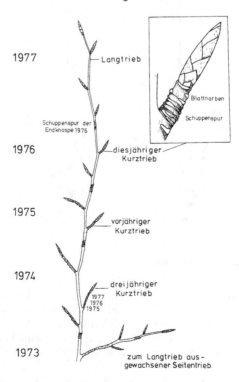

Buchenzweig mit Kurztrieben
und Langtrieben

Abb. I.6

Übersicht
A. Bäume

Stellung der Knospen und Zweige	Dornen	Knospen	Sonstiges	Name/Tab.
gegenständig		sitzend / 2- oder mehrschuppig		Tab.1 S.18
2zeilig		sitzend / 2- oder mehrschuppig	Seitenzweige niederer Ordnung in einer Ebene!	Tab.2 S.19
		gestielt / 2- oder mehrschuppig	äusserlich 2schuppig	Erle Tab.3 S.20
wechselständig / schraubig	–	sitzend / 1- oder scheinbar 1schuppig / 1schuppig	Zweige oft rutenförmig; Kätzchenblüher (die Kätzchen sind z. T. schon entwickelt); 2häusig	Weide (Salix spp.)
		sitzend / 1- oder scheinbar 1schuppig / scheinbar 1schuppig	Knospen stumpfkegelig, abstehend, 2schuppig; junge Zweige grün, mit Lentizellen; Borke gelb und grünlich gescheckt; bis 20 m; Allee- und Parkbaum; kann sehr gross und sehr alt werden; im Orient heiliger Baum	Platane (Platanus x hybrida)
		mehrschuppig	Kurz- und Langtriebe nicht klar zu unterscheiden (vgl. Tab. 6)	Tab.4 S.20
		mehrschuppig	Kurz- und Langtriebe klar zu unterscheiden (vgl. Tab. 6)	Tab.5 S.21
	+ oder –	mehrschuppig	Obstbäume	Tab.6 S.22
	Nebenblattdornen (paarweise)	verborgen	Borke hell graubraun, tief und unregelmässig gefurcht; Zweige kantig, brüchig; die Dornen können reduziert sein; bis 20 m; Heimat N-Amerika; oft an Böschungen (Strassen, Bahndämme) zur Befestigung angepflanzt	Robinie (Robinia pseudacacia)

Übersicht (Fortsetzung)

B. Sträucher[1]

1. Knospen und Zweige gegenständig

Dornen/ Stacheln	Knospen	Sonstiges	Name/Tab.
—	verborgen unter den Blattnarben	Zweige dünn, mit violettbrauner Borke, die bald abfasert, Zweige dann braun; Mark weiss, stark entwickelt; Zierstrauch, Heimat V-Asien	Pfeifenstrauch, Falscher Jasmin (Philadelphus coronarius)
	schon wieder ausgetrieben	junge Zweige kurz weissfilzig, 4kantig; Mark weiss, stark entwickelt; alte Blütenstände lange bleibend; Zierstrauch, Heimat Japan	Sommer-, Herbstflieder (Buddleja davidii)
	schuppenlos oder 2schuppig	Schneeball, Hartriegel, Kornelkirsche	Tab.7 S.23
	mehrschuppig	Knospen recht klein	Tab.8.1 S.24
Dornen		Knospen gross	Tab.8.2 S.25
		Dornen endständig; jüngste Zweige weissgrau, glänzend; Kurztriebe fast rechtwinklig abstehend; Knospen z. T. nicht exakt gegenständig, länglich, spitz, anliegend	Kreuzdorn (Rhamnus cathartica)

[1] Manche Bäume können auch strauchförmig wachsen, z. B. in Hecken und Niederwäldern, daher im Zweifelsfall Tab. A berücksichtigen!

Übersicht (Fortsetzung)

2. Knospen und Zweige wechselständig

Dornen/ Stacheln	Knospen	Sonstiges	Tab./Name
Dornen	von den Resten der Blattbasen umhüllt		Berberitze (Berberis sp.)
Stacheln	mehr- schuppig		Tab.9 S.26
		Rose, Brombeere, Himbeere	Tab.10 S.27
-	versteckt	Strauchfingerkraut und Essigbaum	Tab.11 S.28
	schuppen- los, filzig	Faulbaum (Pulverholz) und Steinmispel	Tab.12 S.28
	1schuppig	s. unter "Bäume"	Weide (Salix)
	mehr- schuppig		Tab.13 S.29

C. Lianen

Linkswinder (= Z-Winder); Blattstiele stehenbleibend (Stützwirkung!); Knospen unscheinbar; Auenwälder, Ruderalgebüsch: Waldrebe (Clematis vitalba).

Rechtswinder (= S-Winder); Knospen gross, mehrschuppig; v.a. in Eichen-Hainbuchenwäldern: Wald-Geissblatt (Lonicera periclymenum).

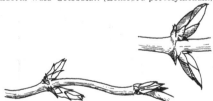

Tab. 1: Bäume mit gegenständigen Knospen und Zweigen: (KT = Kurztriebe)

Name	Gemeine Esche (Fraxinus excelsior)	Feld-A. (A. campestre)	Spitz-A. (A. platanoides)	Berg-A. (A. pseudoplatanus)	Rosskastanie (Aesculus hippocastanum)
		Ahorn (Acer)			
Sonstiges	bis 40 m; 2häusig; Blattnarben gross, fast herzförmig; früh blühend; Fruchtstände lange bleibend	bis 15 m; auch strauchförmig; Blattnarben sehr flach	bis 25 m; Blattnarben tief V-förmig; blüht schon im April	bis 25 m; Blattnarben nicht zusammenstossend	bis 30 m; Heimat Kleinasien; Stamm sehr dick, drehwüchsig; Blattnarben sehr gross
		Blattnarben zusammenstossend			
Borke	hell, glatt, später rissig, dunkel	hellbraun, mit netzartigen Leisten	dunkelgrau, rissig	hellgrau bis braun, schuppig oder in Platten abblätternd	graubraun, blätterig
KT		+			−
Zweige	Langtriebe oft rutenförmig	z.T. mit Korkleisten			dick, wenig verzweigt
Knospen	Endknospen gross, 4schuppig, zusammengedrückt; Seitenknospen 2schuppig, viel kleiner		Seitenknospen anliegend	Seitenknospen abstehend	
		klein, behaart	gross, kahl		sehr gross, stark klebrig
	schwarz	rotbraun		gelbgrün	braun

18

Tab. 2: Bäume ohne Dornen; Knospen 2zeilig-wechselständig, Zweigsystem daher in einer Ebene

Name	Sonstiges	Borke	KT	Zweige	Knospen
Rotbuche (Fagus silvatica)	bis 30 m; oft als Hecke; Blütenknospen dick, aber selten	hellgrau, glatt	+	hin- und hergebogen	sehr lang, abstehend, hellbraun — spindelförmig — äusserlich vielschuppig
Weiss-Hainbuche (Carpinus betulus)	bis 20 m; oft als Hecke; Stamm oft längswulstig; im Nieder-wald dominierend	glatt, hell oder dunkel	+		anliegend, einwärts gekrümmt, braun — spindelförmig
Ulme (Ulmus spp.)	bis 30 m; Blattnarben asymmetrisch	bei Flatter-ulme (U. laevis) mit abgekrümm-ten Schuppen	+	mit Lenti-zellen; Feldulme (U. carpini-folia) oft mit Kork-leisten	schief über der Blattnarbe; Blütenknospen kugelig! — spitzkegelförmig
Linde (Tilia spp.)	bis 30 m; Bastarde! oft einzeln stehend (als Dorflinden usw.) oder Alleebaum	hellgrau, glatt bis feinrissig	–		die äusseren 2 Schuppen sehr ungleich, rotbraun oder grün — stumpf-eiförmig — äusserlich 2-3schuppig
Esskastanie (Castanea sativa = C. vesca)	bis 30 m; wild nur in günstigen Lagen, z. B. Pfälzerwald	jung ähnlich Rotbuche, im Alter rissig, schuppen-blättrig	–	mit vielen hellen Lentizellen	die 2 Schuppen kaum ungleich — stumpf-eiförmig

Tab. 3: Bäume ohne Dornen; Knospen und Zweige wechselständig-schraubig; Knospen gestielt!

Tab. 4: Bäume ohne Dornen; Knospen und Zweige wechselständig-schraubig; Knospen sitzend, mehrschuppig; Kurztriebe nicht deutlich ausgebildet

Tab. 3

Name	Sonstiges	Borke	Zweige	KT	Knospen
Schwarz-Erle (Alnus glutinosa)	bis 25 m	zunächst hellgrau, glänzend, mit vielen "Drüsen", später unregelmässig feinrissig, schuppig	junge Zweige 3kantig, bereift	+	dunkelviolett, klebrig, bereift, 3kantig
Grau-Erle (Alnus incana)	bis 15 m; Auen der Gebirgsflüsse	Borke glänzend, silbergrau			violett, nicht klebrig

männl. Kätzchen vorgebildet; junge und alte weibl. Zäpfchen vorhanden

mit hellen Lentizellen

abstehend, verkehrt eiförmig, äusserlich 2schuppig

Tab. 4

Name	Sonstiges	Borke	Zweige	KT	Knospen
Eiche (Quercus spp.)	bis 40 m	zunächst silbrig, dann dunkel, tiefrissig	junge Z. hellgrau, glänzend; Äste knorrig		hellbraun, eikegelförmig, terminal gehäuft; Schuppen bewimpert
Walnussbaum (Juglans regia)	bis 20 m; Mark der jungen Zweige braun, gefächert	hellgrau, glatt, später rissig	dick, wenig verzweigt, brüchig; Blattnarben sehr gross, herzförmig, 3-spurig		schwärzlich, relativ klein, stumpf, fein behaart; Endknospe graufilzig

Tab. 5: Bäume ohne Dornen; Knospen und Zweige wechselständig-schraubig; Knospen sitzend, mehrschuppig; Zweige deutlich in Lang- und Kurztriebe gegliedert; keine Obstbäume

Name	Birke (Betula spp.)	Trauben-kirsche (Prunus padus)	Zitter-P. (P. tremula)	Schwarz-P. (P. nigra)	Silber-Pappel (P. alba)	Vogelbeere, Eberesche (S. aucuparia)	Els-beere (S. torminalis)
				Pappel (Populus)		Sorbus	
Sonstiges	bis 20 m; männl. Kätzchen terminal vorgebildet; Bei B. pendula Zweige auffallend schlank; bei B. pubescens in Mooren	bis 10 m; alle Teile kräftig (etwas unange-nehm) riechend	bis 30 m	bis 35 m; oft als Säulen-pappel	bis 30 m	bis 10 (15) m lichtbe-dürftig, oft Alleebaum	bis 20 (25) m hoher Waldbaum
			2häusig, Kätzchenblüher (die Kätzchen aber nicht vorgebildet); früh blühend (III-IV)			rote od. braune beerenartige Früchte in Scheindolden	
Borke	weiss (Farbstoff Betulin), sich in Häuten ablösend, im Alter teils dunkel, rauh, rissig	graubraun, glatt	oliv, lange glatt bleibend, dann rautenförmig aufspringend	meist hellgrau, oben hell glän-zend, im Alter tief und grob zerklüftet	zunächst hell glänzend, glatt, dann oliv und rautenförmig aufspringend, später rissig	hellgrau, glänzend, glatt	oliv bis dunkelgrau im Alter längs-rissig
Zweige	junge Zweige warzig, mit vielen kleinen Lentizellen, bei B. pendula stark hängend, bei B. pubescens dicht weichhaarig; KT sehr kurz, geringelt	junge Z. rotbraun, mit Lentizellen	junge Z. braunrot, mit Lentizellen	gelbbraun oder gelbgrün; Blatt-narben gross	jüngste Z. dicht weissfilzig; Blatt-narben klein	hellgrau, glänzend mit länglichen, hellen Lentizellen	olivbraun, durch ab-gehobene Epidermis z. T. grau, Lentizellen klein, hellbraun
Knospen	bei B. pendula lackiert, bei B. pubescens bewimpert	spitz-kegelig, fast anliegend	mit stechend harter Spitze, lackiert, gescheckt, spitzkegelig, anliegend	grünlich- bis gelblich-braun, glänzend, gross, kantig, stechend-spitz; Seiten-knospen abgekrümmt	weissfilzig, sehr klein, kegelförmig	schwarzviolett, weissfilzig behaart, verkahlend, länglich-kegelig	Knospenschuppen grün-glänzend, mit braunem Rand
	klein		gross				
	braun						
	kahl (oder bewimpert)			behaart (filzig)		kahl	

Tab. 6: Obstbäume; Knospen und Zweige wechselständig-schraubig; Knospen sitzend, mehrschuppig

Name	Sonstiges	Borke	Zweige	KT	Knospen
Apfelbaum (Malus)	Krone ± kugelig; z.T. mit Kurztrieb-dornen	blätterig	jüngste Z. behaart		rotbraun, graufilzig, anliegend, eikegelförmig
Birnbaum (Pirus)	Krone ± pyramidal; im verwilderten Zustand z.T. mit Kurz-triebdornen	längsrissig bis gewürfelt	junge Z. kahl, glänzend	+	braun, gescheckt, fast kahl, eikegelförmig-spitz
Pfirsich (Prunus persica)	ziemlich klein; Heimat Asien		unterseits hellgrün, auf der Lichtseite rotviolett; Langtriebe oft rutenförmig		rotbraun, grauzottig behaart, schief über starken herablaufenden Blattnarben
Süsskirsche (Prunus avium)	Krone ± oval; sehr ähnlich, aber kleiner: Sauerkirsche (P. cerasus)	hellgrau bis braunrot, glänzend, quer aufbrechend und ringförmig abblätternd (Ringelborke)	mit Lentizellen		rotbraun, dick
Zwetschge, Pflaume (Prunus domestica)	oft mit Kurztriebdornen; aus Bastard mit Anteil von Schlehe hervorgegangen	dunkelgrau bis schwärzlich	struppig verzweigt; Endknospen der Kurztriebe oft stechend hart		braun, ziemlich klein, spitzkegelig

nicht büschelig gehäuft   an den Kurztrieben büschelig gehäuft

Tab. 7: Sträucher ohne Dornen oder Stacheln; Knospen und Zweige gegenständig; Knospen schuppenlos oder 2schuppig oder scheinbar 1schuppig

Name	Wolliger Schneeball (Viburnum lantana)	Roter Hartriegel (Cornus sanguinea)	Kornelkirsche (Cornus mas)	Gemeiner Schneeball (Viburnum opulus)
Sonstiges		auch Bäumchen; schwarze Beeren lange bleibend	auch Bäumchen; blüht schon im März (gelbe, sehr kleine Blüten in kleinen Dolden	rote Beeren in Trugdolden, lange bleibend
Zweige	kurzfilzig behaart (Sternhaare); Mark weiss, stark entwickelt	rutenförmig, gerade, auf der Lichtseite rot (Anthocyane), kahl, glatt	jüngste Z. grün und violett, kantig; Borke der Stämmchen schwärzlich, abblätternd	Verzweigung oft doldig-struppig, da die Triebspitzen oft absterben; Mark weiss, ± 6-eckig; Lentizellen höckerig
KT	–		+	–
Knospen	sehr stark weissfilzig (junge Blättchen mit Sternhaaren); Endknospen weit entwickelt, z. T. als zwiebelförmige Blütenstandsknospen	schwach braunfilzig, anliegend	Triebknospen 2schuppig, graufilzig, abstehend; Blütenknospen (genauer Blütenstandsknospen) kugelig, gelblich, gestielt, mehrschuppig	eiförmig, scheinbar 1schuppig (tatsächlich 2 verwachsene Schuppen), rötlich, glänzend

schuppenlos

zungenförmig

Tab. 8: Sträucher ohne Dornen oder Stacheln; Knospen und Zweige gegenständig; Knospen mehrschuppig
Tab. 8.1: Knospen recht klein

	Pfaffenhütchen (Euonymus europaeus)	Liguster (Ligustrum vulgare)	Weigelie (Weigela florida)	Deutzie (Deutzia spp.)	Schneebeere (Symphoricarpos rivularis)
Name	Pfaffenhütchen (Euonymus europaeus)	Liguster (Ligustrum vulgare)	Weigelie (Weigela florida)	Deutzie (Deutzia spp.)	Schneebeere (Symphoricarpos rivularis)
Sonstiges	rote, charakteristische Früchte (Name!) lange bleibend; Waldränder, Hecken, Gebüsch	Blätter u. schwarze Beeren lange bleibend; z. T. immergrün; oft als Hecken	Heimat Ostasien; Früchte lange bleibend	Heimat Japan	Heimat N-Amerika, oft verwildert; weisse Beeren lange bleibend ("Knallerbsen")
			Zierstrauch		
Knospen	grünlich, gekielt, z. T. nicht ganz gegenständig	grünlich-violett bis bräunlich, gekielt	braun, nicht gekielt		hellbraun, eiförmig
Mark	weiss		hohl		
KT	+	(+) (Blütenstandstriebe)			ı
Zweige	junge Z. grün, dünn-rutenförmig; 2jährige Z. durch Korkleisten 4kantig bis geflügelt	graugrün, dünn, mit hellen Lentizellen	abblätternd; Lentizellen stark aufbrechend; Blattnarben gross	zunächst ganz glatt, später Borke sehr stark abblätternd; Blattnarben relativ gross	hellbraun oder graubraun, dünn verästelt
		braun			
		Seitenzweige oft quirlig			

Tab. 8.2: Knospen groß

	Rote Heckenkirsche, Knochen-, Beinholz (Lonicera xylosteum)	Forsythie (Forsythia suspensa)	Gemeiner Flieder (Syringa vulgaris)	Schwarzer H. (S. nigra)	Trauben- H. (S. racemosa)
Name				Holunder (Sambucus)	
Sonstiges	ähnlich, aber grösser: angepflanzte Ziersträucher der Gattung Lonicera	Heimat China	oft kleiner Baum; Heimat Kleinasien	Zweige leicht knickend	
		Zierstrauch			
Mark	braun	gekammert bis hohl		stark entwickelt	
		weiss		braun	
Zweige	dünn, hellgrau, oft gebogen; Blattnarben sehr schmal	dünn, gelbbraun oder gelbgrün, mit vielen grossen hellen Lentizellen; Blattnarben vorspringend, herablaufend	dick; Borke graubraun, glatt	hell-braun	grau-braun
				mit auffälligen Lentizellen	
			mit grossen Blattnarben		
KT					
Knospen	spindelförmig, zottig grau behaart, fast rechtwinklig abstehend, meist mit serialen Beiknospen	oft mit Beiknospen	violett und hell gescheckt; Endknospen zu 2, oft mit Nebenknospen	halb geöffnet (junge Blättchen sichtbar)	geschlossen, sehr gross
		4kantig		nicht kantig	
	länglich		eiförmig		

kugelig s. Kornelkirsche, Tab. 7

Tab. 9: Sträucher mit Dornen; Knospen und Zweige wechselständig

	Stachelbeere (Ribes uva-crispa)	Schwarz-, Schlehdorn (Prunus spinosa)	Weissdorn (Crataegus spp.)	Scheinquitte (Chaenomeles japonica)	Sanddorn (Hippophae rhamnoides)
Name	Stachelbeere (Ribes uva-crispa)	Schwarz-, Schlehdorn (Prunus spinosa)	Weissdorn (Crataegus spp.)	Scheinquitte (Chaenomeles japonica)	Sanddorn (Hippophae rhamnoides)
Sonstiges	wild oder kultiviert; z.T. mit Stachelborsten	Kurztriebe fast rechtwinklig abstehend; Waldränder, Feldhecken, Knicks	auch baumförmig; hierher gehört auch der Rotdorn	Heimat Japan; Apfelfrüchte lange bleibend — Zierstrauch	Dünen der N- u. Ostsee, Auen der Gebirgsflüsse; Beeren orangerot, lange bleibend; 2häusig
Knospen	braun, bewimpert	sehr klein, stark büschelig gehäuft	klein, braun oder rötlich, eikugelig	braun; Schuppen der Blütenknospen abspreizend	kugelig oder fast kugelig, kupfer- bis bronzefarben
Zweige	hellbraun, stark abfasernd; junge Z. weisslich	schwärzlich, jung aber auch silberig	weissgrau; Kurztriebe z.T. stark geringelt	die Dornen stehen neben den stark geringelten, dornenlosen Kurztrieben	silbergrau, darunter schwarz
KT	extrem klein	nicht alle Kurztriebe als Dornen ausgebildet			alle KT als Dornen ausgebildet
Dornen	umgewandelte Tragblätter, 1-3teilig	Zweigdornen = Kurztriebdornen (in der Achsel von Tragblättern)			

26

Tab. 10: Sträucher mit Stacheln (Spreizklimmer! Die Stacheln stehen unabhängig von den Blättern); Knospen und Zweige wechselständig

Zweige	KT	Blattnarben	Knospen	Sonstiges	Name
mit grossen derben und vielen feinen Stacheln		klein	klein ("Augen"), seitlich zusammengedrückt, etwas oberhalb der Blattnarbe	Früchte (Hagebutten) lange bleibend; verschiedene wilde Arten und viele Zierformen	Rose (Rosa spp.)
lang rutenförmig, bogig oder liegend und einwurzelnd, oft stark kantig, rotviolett (Lichtseite) und grün	–	abstehend	spitz, mit lockeren, behaarten Schuppen	sehr stachelig; oft auch im Winter grün beblättert; oberirdische Triebe 2jährig	Brombeere (Rubus fruticosus, Sammelart mit vielen Kleinarten)
rutenförmig, aufrecht oder überhängend, mit sehr feinen Stacheln		weit vorspringend	spitzkegelig, braun	Halbstrauch; Wurzelstock ausdauernd, Triebe im 2. Jahr blühend, dann absterbend	Himbeere (Rubus idaeus)

Tab. 11: Sträucher und Dornen oder Stacheln; Knospen und Zweige wechselständig; Knospen versteckt

Knospen	KT	Zweige	Sonstiges	Name
verdeckt von Blattresten	–	jüngste Z. stark zottig behaart; Borke dunkelbraun, stark abfasernd	kleiner Zierstrauch, sehr dicht verzweigt; Blütenrest lange bleibend, oft in städt. Anlagen angepflanzt	Strauch-Fingerkraut (Potentilla fruticosa)
als dichtes Haarbüschel auf kräftigen hufeisenförmigen Blattnarben		junge Z. braun, stark bräunlich behaart (wie ein Hirschgeweih im Bast aussehend); Mark bräunlich	Zierstrauch oder kleiner Baum, oft schon unten verzweigt; Ausläufer; Fruchtstand engrispig, kolbenartig, karminrot, lange bleibend; 2häusig	Essigbaum Hirsch-kolben-Sumach (Rhus hirta = R. typhina)

Tab. 12: Sträucher ohne Dornen oder Stacheln; Knospen und Zweige wechselständig; Knospen schuppenlos, filzig behaart

Knospen	KT	Zweige	Sonstiges	Name
länglich; Schuppen zwar vorhanden, aber kaum erkennbar	+	ohne Lentizellen	oft immergrün; oft niederliegend; häufig als Zierstrauch angepflanzt	Steinmispel (Cotoneaster spp.)
klein		dunkelgrau oder d'violett, die jüngsten Zweige kurzflaumig; mit vielen hellen Lentizellen	junge Zweige silbergrau; Mark hellbraun	Faulbaum, Pulverholz, (Rhamnus frangula = Frangula alnus)

Tab. 13: Sträucher ohne Dornen oder Stacheln; Knospen und Zweige wechselständig; Knospen mehrschuppig[1]

Name	Spierstrauch (Spiraea spp.)	Kerrie (Kerria japonica)	Goldregen (Laburnum anagyroides)	Schwarze J. (R. nigrum)	Blut-J. (R. sanguineum)	Rote J. (R. rubrum)	Seidelbast (Daphne mezereum)	Haselstrauch (Corylus avellana)
				Johannisbeere (Ribes)				
Sonstiges	sehr dicht verzweigt, oft überhängend	Heimat Ostasien	Balkan, Südalpen; auch Bäumchen; Blattnarben stark vorspringend, giftig!	junge Zweige kräftig nach den Beeren riechend, alte Zweige mit unangenehmen Geruch	junge Triebe u. Knospen nach Zerreiben duftend Zierstrauch	beim Verletzen schwacher Geruch (vgl. Schwarze J.)	bis 1 m; blüht sehr früh (vor Blattentfaltung); giftig! geschützt!	männl. Kätzchen vorgebildet; die roten Narben oft schon aus Knospen hervorragend
	Zierstrauch							
Zweige	sehr dünn, rotbraun	hellgrün, sehr dünn-rutenförmig	grün, glatt, die jüngsten weissgrau, anliegend behaart	1 jähr. Triebe behaart, ocker bis rotbraun	1 jähr. Triebe rötlich, kurz filzig	hell, grauocker mit dunklen Flecken, kahl	hell bräunlich, extrem zäh	oliv bis violettbraun, mit auffälligen Lentizellen; junge Z. stark abstehend behaart (Köpfchenhaare)
			Blattnarben schmal, 3spurig					
KT	ı	Kurztriebe stark geringelt					ı	+
Knospen	bräunlich, sehr klein	grün und violettbraun	silberweiss, flaumig behaart, abstehend, abgerundet	rötlich, eiförmig / Schuppenrand bewimpert	Endkn. viel grösser, Schuppen rot, z.T. mit braunem Hautrand	braun, spitz-eiförmig	Blütenknospen hellbraun, gross, die anderen unscheinbar klein	braunrot und grünlich, eiförmig, etwas zusammengedrückt, stumpf
	klein		normal gross					2zeilig
	schraubig							

[1] Ergänzung für NW-Deutschland: Knospen sehr klein; Zweige mit zapfenartigen braunen «Kätzchen» des Vorjahres: Gagelstrauch (Myrica gale)

Arbeitsaufgaben

1. Suchen Sie Arten mit gegenständigen Knospen. Welchen Familien gehören diese Arten an? Kommen in diesen Familien auch Arten mit wechselständigen Knospen (bzw. Zweigen und Blättern) vor?
2. Sammeln Sie Zweige mit deutlich zweizeiliger Knospenstellung.
3. Sammeln Sie Zweige mit auffällig gefärbter Rinde (z. B. Hartriegel: rot/grün; Weidenarten: z. T. auffallend gelb oder rot; Zitterpappel: glänzend rotbraun).
   Einige Rinden enthalten fluoreszierende Farbstoffe: Schabt man Eschenrinde oder Rinde junger Roßkastanienzweige in ein Glas mit Wasser, so tritt bei Beleuchtung gegen dunklen Hintergrund eine blaugrüne bzw. azurblaue Fluoreszenz auf (Fraxin der Esche bzw. Aesculin der Roßkastanie)[1].
4. Untersuchen und vergleichen Sie das Mark der 1–3jährigen Zweige verschiedener Gehölzarten. Fertigen Sie dazu mit einem scharfen Taschenmesser *Längs*schnitte durch die Zweige an.
5. Fertigen Sie Habitusskizzen verschiedener Baum- und Straucharten an (besonders geeignet sind freistehende Exemplare, die sich gut gegen den Himmel abheben). Achten Sie dabei besonders auf die Wuchsrichtung der Hauptachse(n), den Ablaufwinkel der Seitenzweige und die Art der weiteren Verzweigung. Hängen die Zweigenden über oder stehen sie aufrecht?

Literatur

AMANN, G.: Bäume und Sträucher des Waldes. J. Neumann-Neudamm, Melsungen 1972 (11. Aufl.).

BÖHNERT, E.: Die wichtigsten Erkennungsmerkmale der Laubgehölze im winterlichen Zustande. Ulmer, Stuttgart 1952.

EGGER, H.: Die wichtigsten sommergrünen Laubhölzer im Winterzustand. Fromme, Wien/München 1957.

ESCHRICH, W.: Gehölze im Winter. Zweige und Knospen. G. Fischer, Stuttgart/New York 1981.

KOSCH, A.: Welcher Baum ist das? Kosmos-Naturführer. Franckh, Stuttgart 1972 (14. Auflage, bearbeitet von AICHELE, D.).

LANG, K.: Sommergrüne Laubbäume und Sträucher im Winterzustand. Parey, Hamburg 1979.

MARCET, E.: Unsere Gehölze im Winter. Hallwag-Taschenbücher Bd. *82*, Bern 1968.

SCHREITLING, K.-T.: Wir bestimmen Laubbäume im Winter. Mitt. d. AG Floristik in Schlesw.-Holst. u. Hambg., Heft *16*, Kiel 1968.

---

[1] Nach H. MOLISCH, K. DOBAT: Botanische Versuche und Beobachtungen mit einfachen Mitteln. G. Fischer, Stuttgart, 1979.

II. Nadel-Nacktsamer (Coniferophytina)

Thematische Schwerpunkte

Mikrophylle und Megaphylle bei Nacktsamern
Bau der Nadeln, Blüten und Zapfen
Verbreitung der Coniferen

Exkursionsziele

Parkanlagen, Friedhöfe, Vorgärten, Forste

1. Nacktsamer – Bedecktsamer

Aufgrund der Fortpflanzungsverhältnisse kann man bei den Samenpflanzen zwei Organisationstypen unterscheiden: die Nacktsamer und die Bedecktsamer. Die Bedecktsamer bilden im allgemeinen auffällige Blüten mit einem

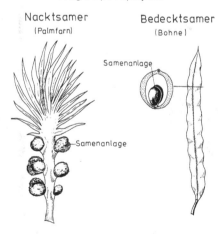

Abb. II.1

Schauapparat aus Kelch- und Kronblättern aus, die dazu dienen, bestäubende Tiere anzulocken. Nach innen folgen die fertilen Blattorgane: zuerst die Staubblätter, dann die Fruchtblätter, die zum Fruchtknoten verwachsen und in dessen Innerem die Samenanlagen tragen (Abb. II.1).

Demgegenüber liegen die Samenanlagen bei den Nacktsamern (Gymnospermen) offen auf den Fruchtblättern oder auf Zapfenschuppen oder stehen endständig an kurzen Seitenzweigen. Ferner ist der Gametophyt der Nacktsamer – besonders im weiblichen Geschlecht – viel weniger stark reduziert als bei den Bedecktsamern: Im Embryosack (Megaspore) der Samenanlage wird noch ein vielzelliges Prothallium mit mehreren Archegonien ausgebildet und im männlichen Geschlecht kommen in einzelnen Fällen noch Spermatozoiden vor («Palmfarne», Ginkgo-Baum).

Alle rezenten Nacktsamer sind Holzgewächse, die jedoch nur Tracheiden und keine Tracheen besitzen (mit der Lupe kann deshalb Nadelholz im Anschnitt leicht von Laubholz unterschieden werden).

2. Stammesgeschichtliche Entwicklung der Nacktsamer

Wie Fossilfunde beweisen, entstanden die ersten Samenpflanzen schon im Devon, vor rund 350 Millionen Jahren, aus den «Progymnospermen», einer den «Urfarnen» (Psilophytatae) nahestehenden Gruppe. Spätestens im Unterkarbon zeichnete sich eine Aufspaltung der Nacktsamer-Entwicklungslinie in zwei Äste ab: Der eine Ast entwickelte sich zu den «Wedel-Nacktsamern»

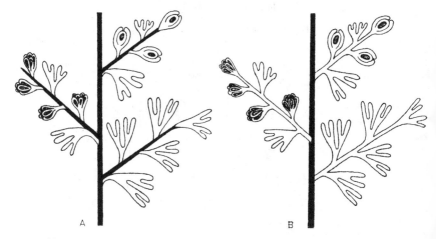

A   B

Abb. II.2: A: Ursprünglicher Nacktsamer mit Mikrophyllen. B: Wedelnacktsamer mit Megaphyllen (Sproßachse Schwarz). Nach Ehrendorfer aus Strasburger.

(Cycadophytina), bei denen sich reichgegliederte Sproßsysteme zu großen, wedelartigen Blättern («Megaphyllen») abflachten (Abb. II.2). Dies stellt eine Parallelentwicklung zu den Echten Farnpflanzen dar, mit deren Wedeln die Vegetationsorgane der Cycadophytina auch sehr viel Ähnlichkeit besitzen. Zu diesen großblättrigen Nacktsamern gehören die «Palmfarne» (Cycadatae), die mit wenigen altertümlichen Gattungen bis heute überdauert haben. Die Wedel von *Cycas revoluta*, die südlich der Alpen und im Mittelmeergebiet angepflanzt wird, sind als Palmsonntagsschmuck («Palmwedel») beliebt. Sie gelten seit alters her als Symbol feierlicher Trauer und sind in stilisierter Form als Emblem auf Leichenwagen zu sehen. Aus Wedel-Nacktsamern haben sich im Erdmittelalter vermutlich auch die ersten Bedecktsamer entwickelt.

Der andere Nacktsamer-Ast ist durch kleine «Mikrophylle» gekennzeichnet, die sich aus den letzten Endauszweigungen des Ursproß-Systems ihrer Vorfahren entwickelt haben (Abb. II.2). In dieser Hinsicht stellen diese «Nadel-Nacktsamer» (Coniferophytina) eine Parallelentwicklung zu den Bärlapp-Farnpflanzen und den Schachtelhalm-Farnpflanzen dar. Zu ihnen gehören die wichtigsten und erfolgreichsten rezenten Nacktsamer, die Nadelgehölze oder Coniferen («Zapfenträger»). Ebenso gehören die Ginkgogewächse und die Cordaiten zu diesem kleinblättrigen Zweig der Gymnospermen. Während die Cordaiten schon seit dem Perm ausgestorben sind, lebt von den Ginkgo-Gewächsen heute noch eine Art, der Ginkgo-Baum.

3. Bauplan der Nadel-Nacktsamer

Die Nadel-Nacktsamer sind ausschließlich Holzpflanzen mit monopodialem Sproßsystem. Ihren Laubblättern liegt ein gabeliger Bauplan zugrunde, was man besonders gut am Gingko-Blatt sehen kann, aber auch an den Doppel-Leitbündeln der Coniferennadeln zu erkennen ist. Die Blüten sind eingeschlechtig und einhäusig, selten (bei Eibe und Wacholder) zweihäusig verteilt. Wie schon erwähnt, fehlt eine besondere Blütenhülle. Die weiblichen Blüten sind meist zu holzigen Zapfen zusammengefaßt – noch nicht bei Ginkgo und Eibe! Diese sind als Blütenstand aufzufassen: In der Achsel eines Tragblattes (= Deckschuppe) entspringt ein Kurzsproß, der bei fossilen Arten noch mehrere Blätter mit Samenanlagen trug, bei den rezenten Coniferen jedoch nur noch aus einer «Samenschuppe» mit wenigen (meist 2) Samenanlagen besteht. Bei manchen Coniferen (Cupressaceae und Taxodiaceae) verwachsen schließlich Deck- und Samenschuppe miteinander zu einem sog. «Deck-Samenschuppen-Komplex» (Abb. II.3).

Auch die männlichen Blüten sehen zapfenähnlich aus. Hier handelt es sich aber um Einzelblüten (Sporophyllstände) aus zahlreichen, ährig um eine Achse angeordneten Staubblättern (Mikrosporophyllen).

Ginkgo bildet einen fleischigen Samen aus, der endständig an einem Seitentrieb steht. Auch bei der Eibe sitzen einzelne Samenanlagen an sehr kleinen Seitenzweigen, bei der Samenreife wird von der Sproßachse ein fleischiger Be-

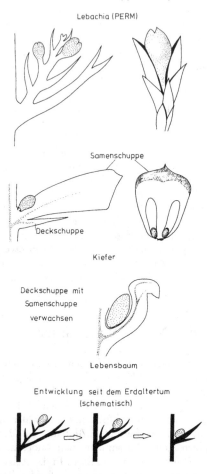

Der Deck-Samenschuppenkomplex

Lebachia (PERM)

Samenschuppe

Deckschuppe

Kiefer

Deckschuppe mit
Samenschuppe
verwachsen

Lebensbaum

Entwicklung seit dem Erdaltertum
(schematisch)

Abb. II.3 (z. T. nach Zimmermann und Ehrendorfer)

cher um den Samen gebildet (Samenmantel oder Arillus). Die Samen der übrigen Nadel-Nacktsamer sind jedoch trocken und haben oft eine zu einem propellerartigen Flugorgan ausgestaltete Samenschale. Bei der Reife fallen sie aus den Zapfen aus. Am Grund der Zapfenschuppen befindet sich einseitig besonders quellfähiges Gewebe: Es bewirkt, daß sich die Schuppen bei Feuchtigkeit anlegen, bei Trockenheit abspreizen. Die Zapfen fallen danach meist als ganzes ab, nicht jedoch bei Tanne (*Abies*) und Zeder (*Cedrus*): hier lösen sich die Schuppen einzeln von den zurückbleibenden Spindeln. Auf dem Waldboden findet man also nie Tannenzapfen, sondern Fichten- und Kiefernzapfen. Beim

Wacholder bleiben die Zapfenschuppen weich und verwachsen zu einem fleischigen «Beerenzapfen», der als Gewürz geschätzt wird (Sauerkraut, Gin, Genever).

Die meisten Coniferen sind immergrün (Ausnahme z. B. Lärche). Die Blätter müssen deshalb besonders kälteresistent und vor Austrocknung geschützt sein, da gerade im Winter, wenn durch Bodenfrost der Wassernachschub stockt, die Gefahr der Austrocknung groß ist (Frosttrocknis). Die kleine Oberfläche der Nadelblätter, ihre Wachsschicht, die eingesenkten Spaltöffnungen und die doppelte Epidermis sind ausgesprochene Anpassungen an Trockenheit. Außerdem werden die harten Nadeln von der Schneelast nicht verletzt.

Das Verzweigungssystem der Nadelgehölze läßt oft eine klare Differenzierung in Lang- und Kurztriebe erkennen. Auffällig ist dies z. B. bei Lärchen und Zedern, bei denen die Kurztriebe stark gestaucht sind und ganze Nadelbüschel tragen, sowie beim Ginkgo. Noch stärker reduziert sind die Kurztriebe der Kiefern: Sie tragen zwei, drei oder fünf sehr lange Nadeln.

Sumpfzypresse und Urwelt-Mammutbaum werfen im Herbst ihre Nadeln samt den krautigen Kurztrieben ab. Langtriebe entstehen bei ihnen dadurch, daß einzelne Kurztriebe schon vorher verholzen und stehenbleiben. Aus Achseln der abgeworfenen Nadeln wachsen im nächsten Jahr neue Kurztriebe.

4. Verbreitung der Nadelgehölze (Pinatae)

Die Nadelgehölze haben als Waldbäume weltweite Verbreitung. Auf der Nordhalbkugel beherrschen sie als breiter «Nadelwaldgürtel» die kalt-gemäßigte (boreale) Klimazone. Weiter nach Süden hin werden sie in den Ebenen von Laubgehölzen abgelöst, beherrschen jedoch in der montanen und subalpinen Stufe meist weiterhin das Vegetationsbild. Als raschwüchsige Holzlieferanten werden Nadelhölzer in vielen Gegenden angepflanzt, in denen sie von Natur aus nicht vorkommen würden, besonders die Gemeine Fichte.

Auf den Sandböden der Oberrheinebene und des Norddeutschen Tieflandes gedeiht (nur noch) die Gemeine Kiefer natürlicherweise, oft wird sie auch angepflanzt. In der DDR wird sie sogar zur Harzgewinnung genutzt, ähnlich wie in Südfrankreich die ergiebigere Meerstrandkiefer (*Pinus pinaster*). Aus dem Harz wird durch Destillation Terpentinöl und Kolophonium gewonnen.

Die von Kleinasien bis zum Wienerwald verbreitete Schwarzkiefer wird gern als Parkbaum, z. T. auch forstlich angepflanzt. Die Bergkiefer schließlich bildet als Latsche (*Pinus mugo* ssp. *mugo*) die Baumgrenze in den Nordalpen; als Spirke (*Pinus mugo* ssp. *rotunda*) ist sie in den Waldhochmooren der Mittelgebirge und des Alpenvorlandes verbreitet.

In subtropischen Gebirgen der Alten Welt sind Zedern beheimatet (Atlas: Atlaszeder; Taurus, Libanon: Libanonzeder; Hindukusch, Himalaya: Himalaya-Zeder).

Wacholderarten gehören zu den Gehölzen, die mit den geringsten Niederschlägen auskommen. Sie haben ihre Hauptverbreitung in trockenen Gebirgslagen. Während unser einheimischer Wacholder (*Juniperus communis*) Nadeln trägt, haben die meisten andern Wacholderarten mindestens teilweise Schuppenblätter. Zur selben Familie (Cupressaceae) gehören die asiatisch-amerikanischen Lebensbäume und Scheinzypressen; in ihren Säulenformen werden sie seit langem als Sinnbild der Trauer bevorzugt auf Friedhöfen gepflanzt, während die echte Zypresse des Mittelmeergebietes bei uns nicht winterhart ist.

Auf der Südhemisphaere kommen andere Nadelholz-Gattungen vor. Genannt seien die altertümlichen Araucarien, von denen die Norfolktanne (*Araucaria excelsa*), die von den Norfolk-Inseln östlich von Australien stammt, ein beliebter Zimmerschmuck unserer Großeltern («Zimmertanne») war.

Einige Nadel-Nacktsamer kann man als Zeugen früherer Erdepochen ansehen. Solche «Lebenden Fossilien» sind v. a. der ostasiatische Ginkgo-Baum und der Urwelt-Mammutbaum, der zuerst nur fossil bekannt war, aber 1944 in S-China entdeckt wurde.

Zahlreiche Coniferen, die heute in Mitteleuropa ausgestorben sind, waren noch während des Tertiärs hier heimisch (Ginkgo-Arten, Sumpfzypresse, Hemlocktanne, Mammutbaum u. a.). Im Gegensatz zu den Verhältnissen in Nordamerika und Asien konnten diese (und zahlreiche weitere Pflanzenarten) in Europa während der Eiszeiten nicht nach Süden ausweichen, da ihnen der Weg von Gebirgen versperrt war.

5. Schäden durch Luftverschmutzung

Saure Niederschläge, die durch Industrieemissionen, vorwiegend Schwefeldioxid, Halogenide und Stickstoffoxide, verursacht werden, bedrohen weite Waldgebiete der nördlichen gemäßigten Zone. Zunächst wurde in ganz Europa ein Tannensterben beobachtet. Von Italien bis Skandinavien, von Frankreich bis Ungarn traf man die Krankheitssymptome selbst an optimalen Standorten an. Mittlerweile tritt die Krankheit auch an anderen Nadelbäumen auf, besonders an Kiefern und Fichten.

Typisch für viele kranke Bäume ist das Eindringen von Bakterien und Pilzen in den basalen Stammkern. Dieser pathologische «Naßkern» wird allmählich größer. Wenn er das Splintholz erreicht hat, wird der Wassertransport gestört, und der Baum wirft die Nadeln ab.

Man führt diese Entwicklung u. a. auf das im Regen gelöste SO_2 zurück. Großräumige Messungen haben ergeben, daß der pH-Wert der Niederschläge in Nord- und Westeuropa in den letzten 20 Jahren von 5,6 bis auf 3,5 abgesunken ist. Trifft dieser saure Regen nun auf Silikatgestein-Böden, so kann die Säure nicht neutralisiert werden und Wurzelgewebe stirbt ab. Neuerdings wird jedoch diskutiert, ob Stickstoffoxide für das Waldsterben verantwortlich sind.

Übersicht

I. Blätter laubblattartig, fächerförmig, lederartig, mit Gabeladerung: **Ginkgogewächse** (Ginkgoaceae), s. nächste Seite

II. Blätter sehr klein, schuppenförmig, gegenständig; Zapfen klein, kugelig oder länglich, mit wenigen Zapfenschuppen, holzig oder fleischig: **Zypressengewächse** (Cupressaceae) (Tab. 6)

III. Blätter nadelförmig, s. folgende Tabelle (Tab. 1)

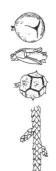

Tab. 1: Coniferophytina mit nadelförmigen Blättern

Name/Familie	Samen	Zapfen	Nadelform	Kurztriebe	Nadelgrund	Nadelstellung
Eibengewächse (Taxaceae) s. nächste Seite	mit fleischigem, rotem, becherförmigem Samenmantel (Arillus)	keine	flach	–	mit grüner Basis herablaufend	wechselständig (infolge Drehung des Nadelgrundes oft 2zeilig erscheinend), nur beim Urweltmammutbaum (Metasequoia) gegenständig
Sumpfzypressengewächse (Taxodiaceae) — Mammutbaum u. Scheiteltanne s. Tab. 5	am Grund der Zapfenschuppen	mit Deck-Samenschuppen-Komplexen; kugelig, ei- oder walzenförmig, holzig, mit vielen Zapfenschuppen	pfriemlich-rundlich	–	mit grüner Basis herablaufend	wechselständig
Sumpfzypresse und Urwelt-mammutbaum s. Tab. 5			flach, krautig-weich	+, krautig, werden im Herbst abgeworfen		
Kieferngewächse (Pinaceae) — Abietoideae s. Tab. 4	am Grund der Zapfenschuppen	Deck- u. Samenschuppen getrennt (Deckschuppen z. T. reduziert); kugelig, ei- oder walzenförmig, holzig, mit vielen Zapfenschuppen	flach oder rundlich-vierkantig	–	nicht mit grüner Basis herablaufend	
Pinoideae s. Tab. 3			sehr lang (über 3 cm)	+ holzig, sehr kurz		in Büscheln zu 2, (3), 5
Laricoideae s. Tab. 2			flach			in Büscheln zu vielen und einzeln
Zypressengewächse (Cupressaceae) s. Tab. 6	von den Zapfenschuppen eingeschlossen	klein, kugelig, mit wenigen Zapfenschuppen, fleischig ("Beerenzapfen")	flach	–	herablaufend	in Quirlen zu 3 oder kreuzgegenständig

37

Ginkgogewächse (Ginkgoaceae): Nur Ginkgobaum (Ginkgo biloba): Parkbaum, bis 30 m; Heimat O-Asien, 1730 nach Europa eingeführt; «lebendes Fossil», Spermatozoiden (!), laubwerfend; zweihäusig; Blätter ± gelappt, an Langtrieben wechselständig, an Kurztrieben in Büscheln zu 3–5, bis 8 cm breit; «Frucht» gelb, unangenehm riechend (Buttersäure); Holz ziemlich wertlos; in O-Asien heiliger Baum.

Eibengewächse (Taxaceae): Bei uns nur Gemeine Eibe (Taxus baccata); bis 20 m, meist strauchartig; zweihäusig, giftig (außer Arillus); Nadeln oberseits dunkelgrün, mit deutlicher Rippe, unterseits hellgrün, bis 3 cm lang, bis 2,5 mm breit; langsamwüchsig; Holz schwer, harzfrei, sehr hart, für Kunsttischlerarbeiten geeignet, mit rotem Kern; geschützt; in verschiedenen Formen angepflanzt, sehr alt werdend.

Kieferngewächse (Pinaceae)

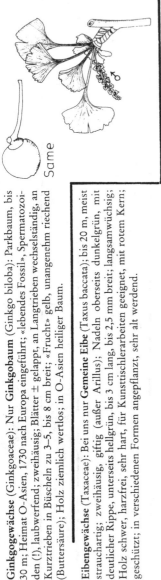

Same

Tab. 2: Kieferngewächse (Pinaceae), U.fam. Laricoideae

Nadeln	Zapfen		Sonstige Merkmale		Name		Zusatzinformation
weich, flach, ungestielt, sommergrün, ca. 1 mm breit	aufrecht, klein, kugelig bis ei-förmig, mit bleibenden, abgerundeten Schuppen	Schuppen nicht umgerollt	Borke im Alter tiefrissig, rotbraun, ähnlich Gemeine Kiefer	Seitenzweige zierlich hängend	Lärche (Larix)	Europ. Lärche (L. decidua)	Gebirgsbaum, bis 35 m; raschwüchsig, lichtbedürftig; Holz weich, harzig, mit rötlichem Kern, als Bau- und Möbelholz
		Schuppen am Rand umgerollt		Seitenzweige kaum hängend		Japan. Lärche (L. lepto-lepis)	bis 30 m; meist erst nach dem 2. Weltkrieg eingeführt; Holz wie obige Art
steif, vierkantig, immergrün, auf einem kurzen braunen Stielchen, das beim Nadelfall zurückbleibt	gross, tonnenförmig, aufrecht		Zapfenschuppen einzeln abfallend		Zeder (Cedrus)		meist blaue Form der Atlas-Zeder (C. atlantica var. glauca): Nadeln blaugrün, bis 3 cm lang; Äste ansteigend. Himalaja-Z. (C. deodora): Nadeln hellgrün, 3–5 cm lang; Zweigspitzen hängend. Libanon-Z. (C.-libani): Nadeln dunkelgrün, bis 3 cm lang; Krone im Alter schirmförmig. Parkbäume, bis ca. 40 m; Heimat N-Afrika bzw. Himalaja bzw. N-Asien. V-Asien

38

Tab. 3: Kieferngewächse (Pinaceae), U.fam. Pinoideae: Nur Kiefer (Pinus): Samenschuppen mit heller, schildartiger Spitze mit Höcker (Nabel); Deckschuppen sehr klein

Nadeln	Zapfen	Sonstige Merkmale	Name	Zusatzinformation
etwas blaugrün (bis 8 cm lang)	4-5 cm lang;	Borke oben gelbrot, hautartig abblätternd; Krone im Alter schirmförmig	Waldkiefer, Gemeine Kiefer, Föhre, Forche (Pinus sylvestris)	im Alter weit hinauf astfrei; bis 40 m; ca. 1/3 unseres Waldes, anspruchslos (Sandböden!); Holz weich, harzreich, mit rötlichem Kern, vielseitig verwendet
grün (bis 8 cm lang)	3-4 cm; ähnlich dem der Gemeinen Kiefer, fast sitzend	niederliegend oder knieförmig aufsteigend, Borke dunkel, nicht abblätternd	Bergkiefer, Legföhre, Latsche, Spirke (Pinus mugo)	bis 8 m; Gebirge (Baumgrenze, Latschengürtel) und Hochmoore; Knospen stark harzig; Holz sehr hart, harzreich, bedeutungslos
bis 15 cm lang, dunkelgrün	ca. 8 cm lang	Borke auch oben dunkel (schwärzlich)	Schwarzkiefer (Pinus nigra)	bis 35 m, Parkbaum, teilw. forstl. genutzt, Heimat Südeuropa und Kleinasien
weich, blaugrün, stark abstehend; bis 10 cm lang	bis 15 cm lang, oft gekrümmt, stark harzig	Borke grau-grün, lange glatt bleibend	Weymouths-Kiefer (Pinus strobus)	bis 50 m; Heimat N-Amerika; wird oft vom Blasenrost befallen; Holz sehr harzreich
steif, wenig abstehend, bis 8 cm lang	ca. 10 cm lang, dick, erst nach 50 Jahren	Borke jung graugrün, später graubraun, rissig	Zirbel-Kiefer, Arve (Pinus cembra)	bis 20 m; Zentralalpen; Samen (Zirbelnüsse) essbar; wird über 1000 Jahre alt; Befall durch Blasenrost; Holz weich, zäh, dauerhaft, für Möbel, Innenausbau und Schnitzerei
bis 20 cm lang, blaugrün	bis 25 cm lang, stark harzig	Zweige bis zum Boden reichend, Borke dunkelgrau, zuerst glatt, dann rissig, abblätternd	Tränenkiefer (Pinus griffithii)	bis 25 m; Parkbaum; Heimat Himalaya, dort bis 50 m

zu 2

zu 5

Tab. 4: Kieferngewächse (Pinaceae), U.fam. Abietoideae

Nadeln	Zapfen	Sonstige Merkmale	Name	Zusatzinformation
mit grünem, scheibenförmigem Grund	aufrecht; Schuppen einzeln abfallend; Deckschuppen häutig, herausragend	Äste waagrecht; Seitenzweige nicht hängend	Tanne (Abies) siehe Ergänzungstab. S. 174	Wild nur Weisstanne (A. alba): Nadeln meist gescheitelt, unterseits mit 2 weissen Stomastreifen; Borke hellgrau, glatt, mit vielen Pusteln; Gipfel ± abgeplattet; bis 50 m; Pfahlwurzel; anspruchsvoll; Holz weich, harzfrei, vielseitig verwendet
Stielchen braun, am Zweig herablaufend (Abb. s. Zusatzinformation)	Deckschuppen sehr klein — Deckschuppe	Zweige rauh, da Nadelstielchen stehenbleibt	Fichte (Picea) s. Tab. 4.1	
Stielchen grün, auf einem kleinen bräunlichen oder rötlichen Höckerchen	Deckschuppen 3spaltig, weit hervorragend	Nadeln bis 3 cm lang; weich, schmal, zerrieben nach Zitrone riechend	Douglasie (Pseudotsuga taxifolia = P. menziesii)	Borke mit zahlreichen Harzbeulen; raschwüchsig; bis 50 m; Heimat N-Amerika, seit 1827 in Deutschland; Douglasienschütte durch 2 Pilze; Holz für Konstruktionen
Stielchen dem Zweige anliegend; Nadelfläche knieförmig abgesetzt; relativ breit, oberseits dunkelgrün	sehr klein; Deckschuppen nicht hervorragend	Nadeln nach vorne verschmälert	Hemlockstanne (Tsuga)	Meist T. canadensis: Nadeln bis 12 mm lang, bis 3 mm breit, obere Reihe dem Zweig anliegend; Gipfeltrieb überhängend; Heimat N-Amerika; bis 35 m; Holz weich, harzfrei
		Nadeln nach vorn nicht verschmälert		T. heterophylla: Nadeln bis 16 mm lang; Abschnitte mit kürzeren Nadeln; frostempfindlich; Heimat N-Amerika

hängend, nicht zerfallend

Nadelgrund nicht mit grünem Scheibchen

Tab. 4.1: Fichte (Picea)

Name	Zusatzinformation	Sonstige Merkmale	Zapfen	Nadeln
Gemeine F. (P. excelsa = P. abies)	Seitenzweige oft hängend; im Freistand oft bis unten beastet; Gebirge; bis 50 m; Flachwurzler (sturmanfällig); hitze- u. dürreempfindlich; bis 1000 Jahre alt; Holz weich, leicht, harzig, vielseitig verwendbar	Borke rotbraun bis grau, schuppig; junge Zweige fuchsrot	braun bis 15 cm	flach oder vierkantig; Stomastreifen unauffällig
Schimmel-F. (P. glauca)	Heimat N-Amerika, in Nordeuropa forstlich genutzt, Var. conica (Zuckerhutfichte) verbreiteter Zierbaum (Friedhöfe!)	schlanke, steife, graue oder blassbläuliche Nadeln, zerrieben nach Mäusen riechend	5 cm, Schuppen nicht sehr zahlreich	z. T. gedreht
Serbische F. (P. omorica)	Heimat Jugoslawien (Gebirge); bis 30 m; erst Mitte des 19. Jahrhunderts entdeckt; Parkbaum; raschwüchsig	sehr schlanke Bäume mit kurzen, hängenden Zweigen	zimtbraun, schon an sehr jungen Bäumen	flach, unterseits mit weissen Stomastreifen
Sitka-F. (P. sitchensis)	Heimat N-Amerika; bei uns bis 35 m; in Norddeutschland forstlich angepflanzt		gelbbraun	
Stech-F. (P. pungens)	Heimat N-Amerika, Gebirge; bis 50 m; Parkbaum; langsamwüchsig	meist in der blauen Form (var. glauca, Blaufichte)		dick, vierkantig

Zapfen: Schuppen nicht gewellt (Gemeine F., Schimmel-F., Serbische F.) — Schuppen gewellt (Sitka-F., Stech-F.)

Nadeln: schwach stechend — nicht stechend — stark stechend; ± gescheitelt am Zweig stehend — rings um den Zweig gestellt

Tab. 5: Sumpfzypressengewächse (Taxodiaceae)

	Mammutbaum, Wellingtonie (Sequoiadendron giganteum)	Japanische Sicheltanne (Cryptomeria japonica)	Zweizweilige Sumpfzypresse (Taxodium distichum)	Urweltmammutbaum (Metasequoia glyptostroboides)
Zusatzinformation	Heimat Kalifornien (in Kreide u. Tertiär auch bei uns); 1850 entdeckt, 1853 in Europa eingeführt; bis 100 m; ⌀ bis 10 m; bis 2000 Jahre alt; anspruchsvoll, frost- und hitzeempfindlich; widerstandsfähig gegen Fäulnis, Insekten und Feuer	in Japan wichtiger Forstbaum, bis 40 m, bei uns nur bis 8 m; frostempfindlich, Holz weich, dauerhaft, vielseitig verwendet	Borke rotbraun, sich faserig ablösend; Heimat N-Amerika, Flussufer und Sümpfe (im Tertiär auch bei uns); bis 50 m; Atemknie; Holz leicht, dauerhaft	Heimat China; lebendes Fossil, bekannt aus Kreide, erst in den 40er Jahren entdeckt; bis 35 m; sehr raschwüchsig
Name	Mammutbaum, Wellingtonie (Sequoiadendron giganteum)	Japanische Sicheltanne (Cryptomeria japonica)	Zweizweilige Sumpfzypresse (Taxodium distichum)	Urweltmammutbaum (Metasequoia glyptostroboides)
Sonstige Merkmale	Borke rotbraun, schwammig, tiefrissig, bis 50 cm dick; Äste nicht in Quirlen	Zapfenschuppen mehrteilig	Nadeln bis 15 mm lang, hellgrün, an Langtrieben in Schuppen übergehend	Nadeln bis 3 cm lang, ca. 2 mm breit, hellgrün; auch Zweige gegenständig!
Zapfen				bei uns noch nicht ausgebildet, da Bäume noch zu jung
Nadeln	3zeilig, bis 12 mm lang, aber auch schuppenartig klein	5zeilig, bis 25 mm lang	an den Kurztrieben 2zeilig, wechselständig	an den Kurztrieben 2zeilig, gegenständig!
	steif, rundlich-pfriemlich, gerade oder einwärts gekrümmt, mit unverschmälertem Grund am Zweig als grüne Leiste herablaufend, immergrün	←	flach, krautig-weich, am Zweig mit grüner Basis herablaufend, im Herbst mit den krautigen Kurztrieben abfallend	←
Kurztriebe	–		+	

Tab. 6: Zypressengewächse (Cupressaceae)[1]

Zusatzinformation	Name	Sonstige Merkmale	Zäpfchen	Triebe	Blätter
selten	Jugendformen der Scheinzypresse oder des Lebensbaumes	Stomastreifen auf der Unterseite oder fehlend	–	nicht abgeflacht; kein ebenes Triebsystem bildend	kreuzgegenständig / nadelförmig
bei einigen Arten alle Übergänge von schuppen- zu nadelförmigen Blättern und von kreuzgegenständig zu quirlständig	Wacholder (Juniperus) s. Tab. 6.1	wenn Blätter nadelförmig, dann meist in Quirlen zu 3, oberseits mit hellen Stomastreifen; wenn schuppenförmig, dann meist kreuzgegenständig; Kanten- und Flächenblätter gleich	beerenartig	nicht abgeflacht; kein ebenes Triebsystem bildend	in Quirlen zu 3 oder kreuzgegenständig / nadelförmig
beim Zerreiben oft etwas unangenehm riechend	Scheinzypresse (Chamaecyparis) s. Tab. 6.2	Gipfeltrieb oft überhängend; Pflanze oft blaugrün	kugelig; Schuppen schildförmig nebeneinander (holzig)	nur bis 4 mm breit	kreuzgegenständig; Kanten- und Flächenblätter meist verschieden / schuppenförmig, klein
beim Zerreiben sehr aromatisch riechend	Lebensbaum (Thuja) s. Tab. 6.3	Gipfeltrieb aufrecht; Pflanze gelb- bis dunkelgrün (nicht blaugrün)	länglich oder eiförmig, mit dachziegelig sich deckenden Schuppen (holzig)	nur bis 4 mm breit; abgeflacht und ein ebenes Triebsystem bildend	kreuzgegenständig; Kanten- und Flächenblätter meist verschieden / schuppenförmig, klein
beim Zerreiben sehr aromatisch riechend; seltener Parkbaum; Heimat Kalifornien; bis 40 m; Holz weich, leicht, dauerhaft	Flusszeder (Libocedrus decurrens)	Blätter weit herablaufend; Kantenblätter nicht zusammenstossend, gleich hoch wie die Flächenblätter endend; unterseits ohne weisse Flecken	holzig	abgeflacht und ein ebenes Triebsystem bildend	kreuzgegenständig; Kanten- und Flächenblätter meist verschieden / schuppenförmig, klein
seltener Parkbaum; Heimat Japan; bis 35 m	Beiblättriger Lebensbaum (Thujopsis dolabrata)	Triebe sehr flach, oberseits glänzend dunkelgrün, unterseits mit grossen weissen Flecken; Blattspitzen abstehend	holzig	4–8 mm breit; abgeflacht und ein ebenes Triebsystem bildend	kreuzgegenständig; Kanten- und Flächenblätter meist verschieden / schuppenförmig, klein

[1] Viele Cupressaceen werden als Ziergehölze im Handel angeboten. Zahlreiche Varietäten und Formen machen die Artbestimmung oft sehr schwer. Eine gute Hilfe sind Gärtnereikataloge.

Tab. 6.1: Wacholder (Juniperus)

a) alle Blätter nadelförmig, in Quirlen zu 3 . . . . **Tab. 6.1.1**

b) Blätter schuppenförmig oder an derselben Pflanze schuppen- und nadelförmig, kreuzgegenständig oder in Quirlen zu 3 . . . . **Tab. 6.1.2**

	Gemeiner Wacholder (J. communis)	Zwerg-Wacholder (J. sibirica = J. nana)	Schuppen-Wacholder (J. squamata)
Zusatzinformation	2häusig; Beerenzapfen schwarzblau, als Gewürz, Räuchermittel, für Gin; anspruchslos, langsamwüchsig; Holz für Drechslerarbeiten; Heiden	Heimat Alpen usw.; auch als Unterart von J. communis aufgefasst	Heimat asiatische Gebirge; meist in der blauen Form (var. meyeri)
Wuchsform	± säulenförmig, bis 5 m hoch	niederliegend, bis 30 cm hoch	± ausladend, bis 3 m hoch
		Strauch	
Sonstige Blattmerkmale	Nadeln stark stechend, schmal, bis 15 mm lang	Nadeln wenig stechend, ca. 10 mm lang, rel. breit	Nadeln wenig abstehend, oberseits mit 2 weissen Stomastreifen, stechend, ca. 10 mm lang, dicht buschig; abgestorbene Nadeln lange bleibend
	Nadeln weit abstehend, oberseits mit einem breiten weissen Stomaband		
Blattgrund	nicht herablaufend		herablaufend

Tab. 6.1.1

44

Tab. 6.1.2

Blattgrund	Sonstige Blattmerkmale	Wuchsform	Name	Zusatzinformation
herablaufend	an Hauptästen oft in Quirlen zu 3 — Nadeln höchstens 6 mm lang	ausgebreitet, ca. 1,5 m hoch	Sadebaum (J. sabina)	Triebe zerrieben etwas unangenehm riechend; Heimat Südalpen
	meist blaugrün, selten in Quirlen zu 3	kriechend, bis 0,5 m hoch	Kriech-Wacholder (J. horizontalis)	Heimat N-Amerika
	Nadeln bis 13 mm lang, auch an Seitenästen in Quirlen zu 3; kleinste Schuppenblätter sehr eng anliegend	verschieden hoch	China-Wacholder (J. chinensis)	Heimat Asien (China, Japan) dort bis 20 m; Triebe zerrieben angenehm riechend oder geruchlos
	Nadeln bis 10 mm lang, weit abstehend, etwas stechend, nur an Hauptästen in Quirlen zu 3	Baum	Bleistiftzeder J. virginiana	seltener Parkbaum; Heimat N-Amerika, dort bis 30 m; Holz weich, sehr gleichmässig, sehr gut schneidbar (Bleistifte!)

Strauch

45

Tab. 6.2: Scheinzypresse (Chamaecyparis)

Blätter	Zäpfchen	Name	Zusatzinformation
unterseits oft verschwommen hell — nach Zerreiben unangenehmer Geruch (petersilienartig)	deutlich unter 1 cm, mit ca. 8 Schuppen	Chamaecyparis lawsoniana ("Oregon-Zeder")	Heimat N-Amerika; bis 50 m; bei uns häufigste Art der Gattung; Holz wertvoll
unterseits nicht weiss	gut 1 cm, mit 4-6 Schuppen mit Höcker, bläulich bereift	Chamaecyparis nootkatensis ("Alaska-Zeder")	Zweige schlaff hängend; Triebe kaum abgeflacht; Heimat N-Amerika; bis 40 m; bei uns seltener Parkbaum; Holz wertvoll
unterseits mit klaren weissen Linien; Kantenblätter grösser als Flächenblätter, anliegend	1 cm; Schuppen mit gebogener Spitze	Chamaecyparis obtusa ("Feuerzeder")	Heimat Japan; bis 40 m; bei uns als Zwergform auf Gräbern häufig
unterseits mit klaren weissen Flecken; Blattspitzen meist abstehend; Kanten- und Flächenblätter fast gleich, oft fast nadelförmig	deutlich unter 1 cm, mit 8-12 Schuppen mit Höcker; hellbraun	Chamaecyparis pisifera ("Sawarazeder") häufiger Zierstrauch: Var. filifera	Heimat Japan; bis 30 m; seltener Parkbaum; Holz dauerhaft

unterseits ohne klare weisse Zeichnung, höchstens verschwommen hell

unterseits mit klarer weisser Zeichnung

Tab. 6.3: Lebensbaum (Thuja)

Blätter	Triebe	Zäpfchen	Sonstige Merkmale	Name	Zusatzinformation
beiderseits grün	normal (waagrecht) gestellt	länglich-eiförmig	Blattdrüsen erhaben	Abendländischer Lebensbaum (Thuja occidentalis)	Heimat N-Amerika; bis 20 m; häufig als Hecke oder Parkbaum; langsamwüchsig; Holz weich, dauerhaft
beiderseits grün	senkrecht gestellt, "abgestutzt"	eiförmig; Schuppen mit Haken	Blattdrüsen eingesenkt	Orientalischer Lebensbaum (Thuja orientalis)	Heimat Asien; bis 10 m; bei uns selten; bedingt winterhart; Holz sehr hart
unterseits mit weissen Flecken	normal gestellt, oberseits dunkelgrün, glänzend	länglich-eiförmig	junge Bäume stehen rings um einen alten (Wurzelausschläge)	Riesen-Lebensbaum (Thuja plicata = T. gigantea)	Heimat N-Amerika; bis 60 m; Parkbaum; Holz leicht, geradfaserig, gut spaltbar, dauerhaft

Arbeitsaufgaben

1. Skizzieren Sie die Wuchsform verschiedener Nadelholzarten (am besten eignen sich freistehende Bäume in Parkanlagen, Gärten usw.).
2. Stellen Sie die Unterschiede zwischen der Gattung Fichte (*Picea*) und Tanne (*Abies*) zusammen. Beachten Sie möglichst viele verschiedene Arten!
3. Legen Sie eine Sammlung von Coniferen-Zapfen an.
4. Skizzieren Sie die Zweige von Lebensbäumen und Scheinzypressen (mit Lupe oder Binokular betrachten). Notieren Sie für jede Art die charakteristischen Differentialmerkmale.
5. Untersuchen Sie alte Baumstümpfe darauf, ob es sich um Nadel- oder Laubholz handelt.
6. Notieren Sie die Nadelholz-Arten in einem Friedhof, im Stadtpark, in Vorgärten usw. Stellen Sie die Heimat der verschiedenen Arten fest.

Literatur

BAUCH, J.: Dendrologie der Nadelbäume und übrigen Gymnospermen. Sammlung Göschen Nr. 2603, Walter de Gruyter, Berlin/New York 1975.

CHAMBERLAIN, C. J.: Gymnosperms, structure and evolution. Chicago 1935.

FALKENBERG, H.: Unsere Nadelgehölze. Neue Brehmbücherei Bd. 87. Ziemsen, Wittenberg-Lutherstadt 1954.

FITSCHEN, J.: Gehölzflora. Quelle und Meyer, Heidelberg 1977 (6. Aufl.).

HALLER, B. und PROBST, W.: Eine neuartige synoptische Tabelle für Bestimmungsübungen – vorgestellt am Beispiel «Coniferen». Der Biologieunterricht 13, Heft 2; 50–68 (1977).

KRÜSSMANN, G.: Die Nadelgehölze. Parey, Berlin und Hamburg 1960 (2. Aufl.).

MITCHEL, A.: Die Wald- und Parkbäume Europas. Ein Bestimmungsbuch für Dendrologen und Naturfreunde. Parey, Hamburg und Berlin 1975.

MORGENTHAL, J.: Die Nadelgehölze. G. Fischer, Stuttgart 1964 (4. Aufl.).

PHILLIPS, R.: Das Kosmosbuch der Bäume. Franckh, Stuttgart 1980.

III. Farnpflanzen (Pteridophyta)

Thematische Schwerpunkte

Organisation der «Kormophyten»
Evolution der Landpflanzen
Morphologische Besonderheiten der drei Pteridophyten-Klassen
Generationswechsel
Standortansprüche einheimischer Farnpflanzen

Exkursionsziele

Bergwälder (z. B. montaner Buchen-Tannenwald)
Nadelwälder saurer Böden
Feuchte Auenwälder, Eschenwälder
Kirchhofmauer oder ähnliche Mauer (hier bietet sich eine gemeinsame Behandlung der Asplenium-Arten und der Polstermoose an)

1. Die Evolution der Höheren Pflanzen

1.1. Die ältesten Landpflanzen

Die ältesten Landpflanzen, die vor mehr als 400 Millionen Jahren aus tangähnlichen Grünalgen entstanden sind, waren Farnpflanzen (Pteridophyten). Diese beherrschten dann 150 Millionen Jahre lang die Landvegetation der Erde. An die «Eroberung des Landes» war ein grundlegender Wandel in der Organisation des pflanzlichen Vegetationskörpers geknüpft; insbesondere mußten folgende Einrichtungen erworben werden:

1. Leitungsgewebe für den Wasser- und Assimilatetransport,
2. Festigungsgewebe für die Stabilisierung der Luftsprosse, insbesondere zur Erhöhung ihrer Biegungsfestigkeit,
3. Schutzeinrichtungen gegen übermäßigen Wasserverlust bzw. Regulationseinrichtungen von Transpiration und Gasaustausch (Epidermis mit Cuticula, Spaltöffnungen).

Diese Einrichtungen charakterisieren die «Höheren Pflanzen», die auch «Gefäßpflanzen» genannt werden und die man in zwei Abteilungen gliedert:

Farnpflanzen und Samenpflanzen. Algen, Pilze und Flechten werden demgegenüber als «Niedere Pflanzen» bezeichnet, während die Moospflanzen eine Zwischenstellung einnehmen.

Die Evolution der Höheren Pflanzen ist unmittelbar mit der Entwicklung der Leit- und Festigungsgewebe verbunden. Wasser- und Assimilatleitung müssen naturgemäß in verschiedenen Bahnen erfolgen, da der Transportweg im wesentlichen umgekehrt verläuft. Demgegenüber wurden Wasserleitung und Festigung weitgehend von demselben Gewebe übernommen (Xylem, Holzteil), allerdings oftmals zusätzliche Stützelemente eingeführt (Sklerenchyme). Im Laufe der Evolution wurden die verschiedensten Möglichkeiten zur Verbesserung der Leit- und Festigungsfunktion erprobt, insbesondere die Leitbündel vermehrt und weiter nach außen verlagert (Stelärtheorie!). Erst die Bedecktsamer (Angiospermae = Magnoliophytina) entwickelten Tracheen und Holzfasern und trennten damit die Funktionen «Wasserleitung» und «Festigung» weitgehend.

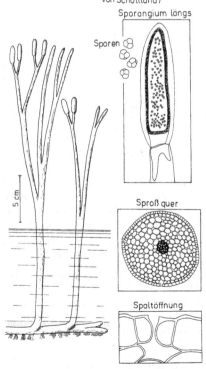

Urfarnpflanzen (Psilophytatae):
Rhynia maior (aus dem Mitteldevon von Schottland)

Abb. III.1 (nach Mägdefrau und Zimmermann, schematisiert)

Als Prototyp der ersten Landpflanzen gilt die beim schottischen Rhynie entdeckte *Rhynia*, ein Urfarn mit völlig blattlosen, gabelteiligen Luftsprossen, die sich aus kriechenden, mit «Wurzelhaaren» besetzten, ebenfalls gabelteiligen Rhizomen erhoben. Die anatomische Differenzierung der Gabelsprosse war gering, das Leit- und Festigungsgewebe war noch – wie bei den Tangen – zentral angeordnet, enthielt aber bereits Tracheiden mit Ringversteifungen. Die Sprosse waren von einer Epidermis mit Cuticula überzogen, in die (gleichmäßig verteilt) Spaltöffnungen eingebaut waren (vgl. Abb. III.1).

Die Urfarne (Psilophyten) – wegen Fehlens echter Blätter auch «Nacktfarne» genannt – sind die basale Gruppe der Höheren Pflanzen. Aus ihnen haben sich die vier heute noch existenten Großgruppen der Kormophyten mehr oder weniger parallel entwickelt: Bärlapp-Farnpflanzen, Schachtelhalm-Farnpflanzen, Echte Farnpflanzen und Samenpflanzen. Möglicherweise stammen auch die Moose von den Psilophyten ab. Erst im Lauf dieser Entwicklung hat sich die typische Gliederung der «Sproßpflanzen» in Sproßachse, abgeflachte Blätter und chlorophyllfreie Wurzeln vollzogen. Nach der «Telomtheorie» läßt sich diese Entwicklung auf fünf «Elementarprozesse» zurückführen (vgl. Abb. III.2).

Elementarprozesse bei der Kormusbildung

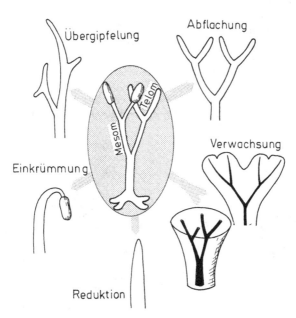

Abb. III.2 (nach Zimmermann, verändert)

1.2 Mikrophylle und Megaphylle

Die Blätter der Farnpflanzen treten in zwei charakteristischen Typen auf: entweder als sehr kleine Blättchen mit einer einzigen Blattrippe («Mikrophylle») oder als große, mit reicher Aderung ausgestattete, meist gefiederte «Wedel» («Megaphylle»). Die Entstehung der beiden Blatt-Typen geht auf Einebnung und Verwachsung von Teilen des ursprünglich gabelig verzweigten, blattlosen Vegetationskörpers der Urfarne zurück. Während Mikrophylle aus den Endverzweigungen entstanden, ging der Bildung von Megaphyllen die Abflachung und Verwachsung größerer Sproßsysteme voraus (vgl. Abb. II.3).

Die echten Farnpflanzen besitzen große «Wedel», Bärlapp-Farnpflanzen und Schachtelhelm-Farnpflanzen gehören dagegen dem mikrophyllen Typus an. Bei den Samenpflanzen finden wir die gleiche Zweiteilung der Blatt-Typen: Die Nadel- und Schuppenblätter der Coniferen sind als Mikrophylle, die Wedel der Cycadeen («Palmfarne») und die Blätter der Bedecktsamer als Megaphylle aufzufassen (vgl. Kap. II).

1.3 Der Generationswechsel

Die Farnpflanzen haben – wie alle Höheren Landpflanzen und die Moose – einen obligaten Generationswechsel: Die geschlechtliche Generation, die Gameten hervorbringt (Gametophyt), besteht aus einem kleinen, höchstens einige Zentimeter Durchmesser erreichenden «Läppchen», das unterseits mit einzelligen Rhizoiden am Boden befestigt ist. Auf diesem «Vorkeim» (Prothallium) entwickeln sich die männlichen Spermatozoiden in Antheridien, die weiblichen Eizellen in Archegonien (Abb. III.3). Die Antheridien sind kugelige Behälter mit einer einzellschichtigen Wand, in deren Innerem sich zahlreiche Spermatozoiden bilden, die durch Öffnen eines Deckels frei werden. Die Archegonien haben etwa die Gestalt einer Flasche. Der Archegonienbauch ist in das Prothalliumgewebe eingesenkt und enthält eine Eizelle und eine sterile

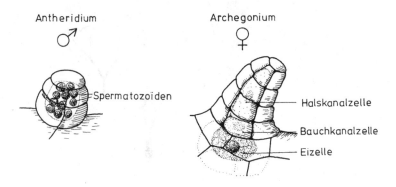

Antheridium ♂ — Spermatozoïden

Archegonium ♀ — Halskanalzelle — Bauchkanalzelle — Eizelle

Abb. III.3

Bauchkanalzelle. Der Archegonienhals, der über die Oberfläche des Prothalliums emporragt, enthält eine oder mehrere Halskanalzellen, die bei Reife der Eizelle verschleimen und durch Quellung die Öffnung bewirken.

Prothallien können ein- oder zweihäusig sein. Die Befruchtung ist nur bei Benetzung mit Tau oder Regenwasser möglich.

Alle Zellen des Vorkeims sind haploid. Aus der befruchteten Eizelle, der Zygote, entwickelt sich der diploide Sporophyt, die eigentliche Farnpflanze, während das Prothallium bald zugrundeht. Bei den Farnpflanzen wechselt also eine Generation, die wie niedere Thalluspflanzen organisiert ist, mit einer zweiten Generation ab, die wie höhere Sproßpflanzen organisiert ist.

Wegen ihrer geringen Größe sind Gametophyten der Farnpflanzen meist nicht leicht zu finden. Am besten sucht man sie in Glashaus-Beeten von Gärtnereien oder Botanischen Gärten, wo Farne gehalten werden, aber auch in Blumentöpfen oder auf morschen, gut durchfeuchteten Baumstümpfen. Man muß dabei allerdings beachten, daß man sie nicht mit Anfangsstadien thalloser Lebermoose verwechselt, besonders mit keimenden Brutkörpern von *Marchantia*. Farnprothallien sind am Rande deutlich gewimpert (10fache Lupe!). Man kann aber auch leicht selbst Prothallien aus Farnsporen ziehen, die auf Torferde in einen Blumentopf ausgesät werden. Der Topf wird über den Untersatz gut gegossen und mit einer Glasplatte abgedeckt (keine direkte Sonne!).

1.4 Die ersten Blüten: Sporophyllstände

Bei den Urfarnen wurden die Sporangien endständig an den Spitzen ihrer Gabelsprosse gebildet (vgl. Moose!). Bei den anderen Klassen der Farnpflanzen entstehen die Sporangien immer auf der Ober- oder Unterseite von Blättern. Diese «Sporophylle» können gleich gestaltet sein wie normale, nur der Assimilation dienende «Trophophylle» (griech. «trophein» = ernähren). Die assimilierende Blattfläche kann jedoch bei den Sporophyllen auch mehr oder weniger reduziert sein, so daß sie eine einfachere Gestalt besitzen. Bei den Echten Farnpflanzen sind beide Möglichkeiten verwirklicht: So gleichen sich Sporophylle und Trophophylle z. B. beim Wurmfarn in ihrem Aussehen völlig, während die Sporophylle des Straußfarns ihre Blattspreite weitgehend zurückgebildet haben und deshalb fast wie Straußenfedern aussehen.

In allen drei Klassen der Pteridophyten kam es im Laufe der Stammesgeschichte in einzelnen Gruppen zur Differenzierung der Sporen, Sporangien und Sporophylle: Moosfarn (*Selaginella*) und Wasserfarne sind rezente Vertreter solcher «heterosporer» Farnpflanzen. Sie bilden große «Megasporen», aus denen sich weibliche, Archegonien tragende Gametophyten entwickeln, und kleinere «Mikrosporen», aus denen männliche, Antheridien tragende Vorkeime werden. Sporangien, in denen Megasporen gebildet werden, heißen «Megasporangien», die zugehörigen Blätter «Megasporophylle». Entsprechend heißen Sporangien, in denen Mikrosporen gebildet werden, «Mikrosporangien» und die zugehörigen Blätter «Mikrosporophylle».

Sporophylle können im Wechsel mit Trophophyllen am Sproß stehen, sie können aber auch in endständigen Sporophyllähren zusammengefaßt sein. Solche Sporophyllstände, wie wir sie z. B. von Bärlapp und Schachtelhalm kennen, sind – entsprechend der botanischen Definition – Blüten. Auch bei den Blüten- oder Samenpflanzen bestehen die Blüten aus meist wirtelig an einer ganz kurzen Achse angeordneten Sporophyllen: Bei den Zwitterblüten der Bedecktsamer stehen oben die Megasporophylle (Fruchtblätter), es folgen die Mikrosporophylle (Staubblätter) mit den Mikrosporangien («Pollensäcke»), in denen die Mikrosporen (Pollenkörner) gebildet werden. Bei den tierblütigen Arten folgen dann allerdings noch sterile «Hüllblätter», die meist auffällig gefärbt sind und Signalfunktion für die Bestäuber haben (Krone, Kelch bzw. Perigon).

2. Die Klassen der Farnpflanzen

2.1. Lebende Fossilien: Die Bärlapp- und die Schachtelhalm-Farnpflanzen (Lycopodiatae und Equisetate)

Die wenigen heute noch lebenden Vertreter dieser Gruppen sind Relikte längst vergangener Erdzeitalter, «Lebende Fossilien». So stellten Bärlapp- und Schachtelhalm-Verwandte bei weitem die meisten Pflanzen der Steinkohlenwälder des Karbon. Über die damalige große Formenvielfalt dieser Gruppen sind wir durch Fossilien sehr gut unterrichtet. Auffallend ist, daß nur relativ kleine, krautige Formen bis heute «überlebt» haben, während die baumförmigen Holzgewächse, die z. T. gut entwickeltes sekundäres Dickenwachstum besaßen und sogar samenähnliche Bildungen hervorbrachten (*Lepidocarpon*), alle ausgestorben sind.

2.1.1. Die Bärlapp-Farnpflanzen (Lycopodiatae)

Für die Lycopodiatae charakteristisch ist die gabelige Verzweigung ihrer Stengel und Wurzeln. Die Sporophylle haben eine ähnliche Gestalt wie die Trophophylle und stehen fast immer in ährenförmigen Ständen an den Enden der Sprosse. Die Sporangien sitzen in *Einzahl* auf den Sporophyllen am Grunde der *Oberseite* (Abb. III.4).

Bärlappartige bzw. Bärlappgewächse (Lycopodiales mit der einzigen Familie Lycopodiaceae): Der Kriechsproß trägt auf seiner Unterseite Wurzeln. Einzelne Äste richten sich auf und können – oft oberhalb einer blattärmeren Region («Stielregion») – die Sporophyllähren tragen.

Moosfarnartige bzw. Moosfarngewächse (Selaginellales mit der einzigen Familie Selaginellaceae): Der Moosfarn *(Selaginella)* besitzt teils niederliegende,

Bärlapp-Farnpflanzen (Lycopodiatae)

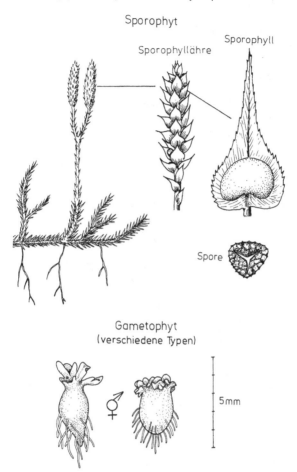

Sporophyt

Sporophyllähre

Sporophyll

Spore

Gametophyt
(verschiedene Typen)

♂♀

5mm

Abb. III.4 (z. T. nach K. Goebel)

teils aufrechte, ungleich gabelig verzweigte Stengel, die mit kleinen, meist kreuzgegenständig stehenden, verschieden großen Blättchen besetzt sind («Anisophyllie»). Sie tragen am Grunde der Oberseite eine kleine häutige, chlorophyllfreie Schuppe, die Ligula, als Organ der Wasseraufnahme. An Gabelstellen der Stengel entstehen bei vielen Arten positiv geotrop wachsende, unbeblätterte Sprosse, sog. «Wurzelträger», an deren Spitze sich bei Bodenkontakt Wurzeln bilden.

Brachsenkrautartige bzw. Brachsenkrautgewächse (Isoetales mit der einzigen Familie Isoetaceae): Die Brachsenkräuter leben untergetaucht, haben eine knollig gestauchte Achse und am Grund verbreiterte, lange, borstenartige oder bandförmige Blätter. Auf der Oberseite des Blattgrundes stehen die Sporangien in einer grubenartigen Vertiefung. Die Brachsenkräuter können eine eigene submerse Pflanzengesellschaft im Uferbereich nährstoffarmer Seen bilden.

2.1.2. *Die Schachtelhalm-Farnpflanzen (Equisetatae)*

Von dieser vielgestaltigen Klasse hat bis heute nur noch eine Gattung überdauert: Schachtelhalm (*Equisetum*). Bei ihm entspringen die aufrechten, meist nur einjährigen Sprosse einem waagrecht im Boden kriechenden Erdsproß

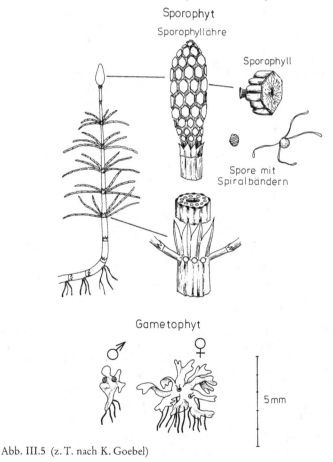

Abb. III.5 (z. T. nach K. Goebel)

(Rhizom). Sie bleiben entweder einfach oder verzweigen sich *wirtelig* in Äste zweiter und dritter Ordnung. An den Knoten der gerieften, grünen Sproßachsen sitzen kleine spitz-zähnchenförmige Blätter, die zu einer stengelumfassenden Scheide verwachsen sind (vgl. Abb. III.5). Die Seitenzweige entspringen *zwischen* den Blättchen. Die Halme enthalten ein System von Hohlräumen, das besonders bei den Pflanzen sumpfiger Standorte (Teich- und Sumpfschachtelhalm) der Durchlüftung dient. In die Wände der Epidermiszellen sind Kieselsäurekristalle eingelagert, weshalb man die Pflanzen früher zum Säubern von Zinn verwendete («Zinnkraut» = Ackerschachtelhalm).

Da an den Knoten – ähnlich wie bei den Gräsern – Restmeristeme erhalten bleiben, sind hier die Orte geringster Reißfestigkeit. Beim Ziehen trennen sich die Halme aus den Scheiden («geschachtelte» Sproßachsen).

Die Sporophylle haben die Form eines einbeinigen Tischchens, an dessen *Unterseite* mehrere Sporangien sitzen. Die Sporophylle sind zu Ähren vereinigt, die teils an besonderen Sprossen (z. B. Acker-Schachtelhalm), teils an grünen, zunächst der Ernährung dienenden Sprossen gebildet werden (Sumpf-Schachtelhalm).

2.2 Die Echten Farnpflanzen (Filicatae)

Die Filicatae sind durch Megaphylle («Wedel») gekennzeichnet.

2.2.1 Dreidimensionale Blätter: Ophioglossales

Am Rhizom der Ophioglossales entwickelt sich alljährlich meist nur ein einziger (in der Jugend nicht eingerollter) Wedel, der aus einem assimilierenden und einem fertilen Teil besteht. Der fertile Teil entspringt an der Basis der Spreite und steht senkrecht zur Ebene des sterilen Teils, der Wedel ist also dreidimensional entwickelt, ein sehr altertümliches Merkmal (Wedel = Sproßsystem). Bei der Mondraute (*Botrychium*) ist der assimilierende Teil gefiedert, bei der Natternzunge (*Ophioglossum*) zungenförmig.

2.2.2 Filicales

Die Wedel der Filicales sind in der Jugend eingerollt und tragen auf ihrer Unterseite zahlreiche Sporangien. Die Sporophylle unterscheiden sich meist nicht von den Trophophyllen (Ausnahmen: Strauß- und Rippenfarn); beim Königsfarn sind nur die sporangientragenden oberen Teile des Wedels umgebildet. Die Sporangien sind oft zu verschieden gestalteten Häufchen (*Sori*) vereinigt und vor der Reife von einem häutigen Auswuchs der Blattspreite, dem «Schleier» (*Indusium*) bedeckt (vgl. Abb. III.6).

Echte Farnpflanzen (Filicatae)

Sporophyt

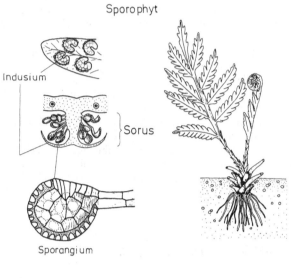

Indusium

Sorus

Sporangium

Gametophyt

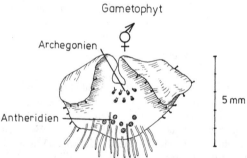

Archegonien

Antheridien

5 mm

Abb. III.6

2.2.3 «Wasserfarne»: Marsileales und Salviniales

Da sich diese beiden Gruppen durch Heterosporie auszeichnen und feuchte Biotope besiedeln, wurden sie oft als «Hydropterides» zusammengefaßt. Die *Marsileales* haben kriechende Rhizome, die wechselständig aufrechte Blätter tragen, beim Kleefarn mit vier endständigen Fiedern. Die Sporophylle sind zu bohnenförmigen oder kugeligen Sporangienbehältern umgebildet, die die Mikro- und Megasporangien enthalten und sich durch einen Quellungsmechanismus öffnen. In Mitteleuropa kommt der Pillenfarn noch vereinzelt im Uferbereich oligotropher Seen vor.

Die *Salviniales* sind frei flutende Schwimmblattpflanzen, die in wärmeren Teilen Deutschlands, besonders im Oberrheintal, als Bestandteile der Wasserlinsengesellschaften auftreten. Auch die Salviniales bilden Sporangienbehälter, die jedoch immer nur Mikro- oder Megasporangien enthalten. *Salvinia* zeigt eine ausgeprägte Heterophyllie: An der Oberseite ihrer dorsiventralen Sprosse entspringen Schwimmblätter, an der Unterseite wurzelartige, fiederig zerteilte, fadenförmige Wasserblätter.

3. Zur Verbreitung der Farnpflanzen

Farnpflanzen erreichen ihre Hauptentfaltung in den Tropen, vor allem in den Nebelwäldern der montanen Stufe. Bei uns findet man sie vorzugsweise in Wäldern oder an Felsen und Mauern. Einige Arten, wie Wurmfarn, Dorn- und Frauenfarn, sind häufige Waldpflanzen, mancherorts auch der Tüpfelfarn. An älteren Mauern und Felsen fehlen selten der Braune Streifenfarn und die Mauerraute, wobei die Mauerraute nur Kalkgestein besiedelt. In Mittelgebirgswäldern und im Voralpengebiet können auch Bärlappe häufiger vertreten sein, vor allem Keulen- und Schlangenbärlapp. Am artenreichsten sind die schattigen, feuchten Hochwälder der montanen und subalpinen Stufe der Mittelgebirge und der Alpen.

Als verbreitete Unkräuter gefürchtet sind Acker- und Sumpf-Schachtelhalm. Der Sumpf-Schachtelhalm oder Duwock ist auf dem Niederungsgrünland Norddeutschlands stellenweise häufig. Er ist giftig und kann zu erheblichen Schäden im Viehbestand führen: Von schlechteren Erträgen und geringerer Milchqualität bis zu Lähmungserscheinungen und Todesfällen bei den vergifteten Tieren!

Demgegenüber sind andere Farnpflanzen oft an spezielle Standorte gebunden, die in unserer Kulturlandschaft immer seltener werden: Die Gesellschaft der Brachsenkraut-Arten im Uferbereich nährstoffarmer Seen (z. B. Feld- und Titisee im Südschwarzwald) wurde schon erwähnt; der Sumpf-Bärlapp ist an die feuchte Grenzzone zwischen Bult und Schlenke in Hochmooren gebunden, er wächst gerne auf nacktem, feuchtem Torfschlamm. Der Königsfarn beschränkt sich auf feuchte Erlenbrüche, der Hirschzungenfarn auf Kalkstein-Schluchtwälder (z. B. Schwäbische Alb). Durch fortschreitende Biotopvernichtung (Eutrophierung, Entwässerung, Bebauung) werden solche Arten immer seltener, obwohl sie z. T. geschützt sind.

A. Echte Farnpflanzen (Filicatae), ohne Wasserfarne
Übersicht über die Ordnungen

	Gemeine Natternzunge (Ophioglossum vulgatum)	Mondraute (Botrychium; meist B. lunaria)	Osmundales Osmundaceae Königsrispenfarn (Osmunda regalis)	Filicales Tab. 1
Name	Ophioglossales Ophioglossaceae			
Sonstiges	selten auf nassen, mageren Wiesen und in Flachmooren	selten auf bodensaurem Rasen, auf Alpenmatten	bis 1,5 m; Sporangien ohne eigentl. Anulus; selten (Moore); geschützt — Sporangium	Sporangien mit Anulus
	bis 50 cm (meist viel kleiner)			
Wedel — sporangientragender Teil; Abbildungen		B. lunaria		Sporangien auf der Unterseite (z. T. am Rand) der Wedel, sehr klein, zu Sori gruppiert oder in ununterbrochener Reihe, oft von einem Schleierchen (Indusium) bedeckt
	ährenförmig, 2reihig	rispig		
Wedel — vegetativer Teil	ungeteilt, ganzrandig	gefiedert (meist 1fach)	doppelt gefiedert; Fiederchen fast ganzrandig	
Allgemeines	junge Wedel nicht eingerollt		junge Wedel an der Spitze eingerollt	
	der einzelne Wedel ist in einen vegetativen und einen sporangientragenden Teil gegliedert			der einzelne Wedel ist nicht in einen sterilen und einen fertilen Teil gegliedert

Tab.	Wedel				Fiederung
	Habitus	Stellung	Umriss		
2 S.62		einzeln oder in Rosetten	zungenförmig, lanzettlich oder schmal dreieckig		ungeteilt oder einfach gefiedert und Fiedern mit breiter Basis ansitzend
3 S.63			lineal oder dreieckig		einfach gefiedert, Fiedern an der Basis verjüngt
4 S.64			lanzettlich		
5 S.65		in Rosetten	lanzettlich bis dreieckig		zwei- oder mehrfach gefiedert
6 S.66		einzeln	dreieckig		

Tab. 2: Filicales; Wedel ungeteilt oder fiederteilig, nicht vollständig gefiedert

	Hirsch-zungenfarn (Phyllitis scolo-pendrium)	Rippenfarn (Blechnum spicant)	Milzfarn (Ceterach officinarum)	Gemeiner Tüpfelfarn (Poly-podium vulgare)
Name				
Sonstiges	immergrün; kalkliebend; geschützt	kurz gestielt, derb, glänzend; sterile Wedel immergrün; kalkmeidend; geschützt	selten an warmen Felsen und Mauern	lang gestielt, immergrün; kalkmeidend
Indusium	seitlich — Querschnitt	Querschnitt durch "Fieder"	keines	
Sori	lineal		länglich (von Schuppen bedeckt)	rund
Größe — Abschnitte		länglich, die der fertilen Wedel schmaler als die der sterilen	rundlich	länglich
Größe	bis 40 cm		bis 15 cm	bis 30 cm
Stellung	in Rosetten			einzeln
Wedel — Form	zungenförmig, mit herzförmigem Grund	Trophophyll — Sporophyll	unterseits mit rostroten Schuppen	im Umriss schmal dreieckig bis lanzettlich
	ungeteilt	im Umriss lanzettlich — fiederteilig		fiederteilig

Tab. 3: Filicales; Wedel 1fach gefiedert (im Zweifel vgl. Tab. 2), im Umriß lineal oder 3eckig

	Brauner Streifenfarn (A. trichomanes)	Grüner Streifenfarn (A. viride)	Buchenfarn (Thelypteris phegopteris)
Name	Streifenfarn (Asplenium)		Buchenfarn (Thelypteris phegopteris)
Sonstiges	Rhachis glänzend schwarzbraun, schmal geflügelt; immergrün; Felsen, Mauern	Rhachis grün, weich, ungeflügelt; Stiel braun; Felsen; kalkliebend	lang gestielt; kalkmeidend
Indusium	seitlich		keines
Sori	lineal (in "Streifen")		rund
Wedel – Abbildung (Wedel)			unteres Fiederpaar entfernt und abwärts gerichtet, gegenständig
Größe	bis 20 cm		bis 30 cm
Fiedern	gekerbt		tief fiederspaltig; Zipfel ganzrandig
Stellung	in Rosetten		einzeln
Umriss	lineal		3eckig

Tab. 4: Filicales; Wedel 1fach gefiedert, im Umriß lanzettlich

	Sumpf-Lappenfarn (T. palustris)	Berg-Lappenfarn (T. limbosperma)	Straussfarn (Struthiopteris filicastrum)	Gemeiner Wurmfarn (Dryopteris filix-mas)	Lanzen-Schildfarn (Polystichum lonchitis)
Name	Lappenfarn (Thelypteris)		Straussfarn (Struthiopteris filicastrum)	Gemeiner Wurmfarn (Dryopteris filix-mas)	Lanzen-Schildfarn (Polystichum lonchitis)
Sonstiges	sterile und fertile Wedel verschieden; lang gestielt; Moore, Sümpfe	kurz gestielt; (Berg-)wälder, kalkmeidend	sterile und fertile Wedel verschieden; wild selten, öfter als Zierpflanze	auch 2fach gefiedert; Waldboden	Wedel lederartig, immergrün; vorwiegend montan-alpin, kalkliebend
Indusium			Querschnitt fertile F.	nierenförmig	kreisrund
	hinfällig oder fehlend			in der Mitte der Sori entspringend	
Sori	rundlich				
Wedel / Fiedern	Rand der fertilen F. umgerollt; F. entfernt voneinander	Unterseite mit goldgelben Drüsen	fertile F. eingerollt und zurückgebogen	Zipfel der Fiedern gezähnt	kurz, dornig gezähnt, asymmetrisch
		Zipfel der Fiedern ganzrandig			
	lineal, tief fiederspaltig, symmetrisch				
Größe	bis 80 cm	bis 1 m	bis 1,5 m	bis 1,2 m	bis 50 cm
Stellung	einzeln	in Rosetten			

Tab. 5: Filicales; Wedel 2- oder mehrfach gefiedert, in Rosetten stehend

	Mauerraute (Asplenium ruta-muraria)	Wald-Frauenfarn (Athyrium filix-femina)	Zerbrechlicher Blasenfarn (Cystopteris fragilis)	Gemeiner W. (D. filix-mas)	Dorniger W. (D. austriaca)	Gelappter Schildfarn (Polystichum lobatum)
Name				Wurmfarn (Dryopteris)		
Sonstiges	2-3fach gefiedert, derb, matt, lang gestielt, immergrün; Mauern, Felsen, kalkliebend	2-3fach gefiedert, hellgrün; Wald, Lichtungen, auf schwach sauren Böden	2fach gefiedert, zart, hellgrün; Stiel dünn, brüchig; schattige Felsen, Hänge, Mauern, kalkliebend	1-2fach gefiedert (vgl. Tab. 4)	2-3fach gefiedert; oft immergrün; kalkmeidend	2fach gefiedert, lederig, glänzend, mit vielen Spreuschuppen; immergrün; Bergland, kalkliebend
Indusium	lineal	z. T. fehlend	oval, zuletzt abfallend	nierenförmig		kreisrund
	seitlich der Sori entspringend			in der Mitte der Sori entspringend		
Sori	lineal (in "Streifen")	länglich o. hakenförmig		rundlich		
Wedel Umriss	± 3eckig	± lanzettlich				
Wedel Grösse	bis 15 cm	bis 1 m	bis 30 cm	bis 1,2 m	bis 1,5 m	bis 80 cm
		über 15 cm				
Abbildung	Wedel	Fieder	Fieder	Fieder	Fieder	Fieder
Fiederchen	vorne gekerbt	gezähnt, ohne Stachelspitzen		dornig gezähnt		
		± symmetrisch				asymmetrisch
	rautenförmig	nicht rautenförmig				

65

Tab. 6: Filicales; Wedel 2- bis mehrfach gefiedert, einzeln stehend (nicht in Rosetten)

	Adlerfarn (Pteridium aquilinum)		Echter E. (G. dryopteris)	Ruprechts-E. (G. robertiana)
Name			Eichenfarn (Gymnocarpium)	
Sonstiges	kalkmeidend; Name wegen Querschnittsfigur des Leitgewebes im Wedelstiel		langgestielt, ohne Drüsen; Spreite hellgrün, Stiel und Rhachis dunkelbraun; kalkmeidend	langgestielt; Unterseite, Rhachis und Mittelrippen mit Drüsen; montane und subalpine Schutthalden; kalkliebend
Indusium	Blattrand umgerollt (falsches I.) echtes I. sehr klein, hinfällig		fehlend	
Sori		linienartig, am Rand vereinigt	rund, vom Rand entfernt	
Wedel	sehr gross, weit entfernt voneinander, nicht in einer Ebene, fast gegenständig		unterste Fieder fast so gross wie der übrige Wedelteil	unterste Fieder kleiner als der übrige Wedelteil
			gegenständig	
	2-4fach gefiedert		2fach gefiedert	
	bis 1,5 m		bis 40 cm	
			Umriss dreieckig	

B. Schachtelhalm-Farnpflanzen (Equisetatae): Nur Schachtelhalm (Equisetum)

Stengel			Blattquirle	Standort	Sonstiges	Name
Stengel unverzweigt		bis 6 mm dick, dunkelgrün	Zähne abfallend, sodass gekerbter dunkler Ring zurückbleibt	sandige, schattige Abhänge, Wälder	giftig	Winter-S. (E. hiemale)
		bis 8 mm dick, hellgrün, kaum gerieft	Zähne spitz kürzer als untere Astglieder (wenn verzweigt)	Sümpfe, Moore, Teiche, Ufer	sterile und fertile Sprosse gleich — giftig (Alkaloide)	Teich-S. (E. fluviatile)
Stengel verzweigt	Äste unverzweigt	bis 4 mm dick, sattgrün, stark gerieft	länger als untere Astglieder — Astscheiden braun oder schwarz	Gräben, feuchte Wiesen	selten auch unverzweigt; die unteren Astglieder sind sehr kurz! giftig!	Sumpf-S. (E. palustre)
	Äste z.T. mit kurzen Seitenzweigen	bis 2 cm dick (!) weisslich	länger als untere Astglieder — anliegend	Waldbäche, Flachmoore, feuchtes Gebüsch	sterile und fertile Sprosse verschieden — fertile Sprosse vor den sterilen erscheinend, rasch absterbend — bis 1,2 m; fertil IV-V	Riesen-S. (E. telmateja)
	Äste z.T. mit kurzen Seitenzweigen	bis 5 mm dick; Äste höchstens 1fach und nicht quirlig verzweigt; gerieft!	kürzer als untere Astglieder — 8-10, nicht verbundene Zähne, Astscheiden grün	Äcker, sandige Orte, aufgeschüttete Erde	bis 50 cm; fertil III-IV	Acker-S. (E. arvense)
	Äste immer verzweigt	Äste 1-2fach quirlig verzweigt, bogig überhängend	kürzer als untere Astglieder — Zähne zu 2-5 braunen, häutigen Lappen verbunden	schattige Wälder, v.a. montan; kalkmeidend	sterile und fertile Sprosse gleichzeitig, die fertilen (IV-V) bald absterbend; Pflanze zierlich; giftig	Wald-S. (E. silvaticum)

Name	Bärlappartige (Lyconopodiales) / Nur Bärlapp-gewächse (Lycopodiaceae) Tab. 2 S. 69	Moosfarnartige (Selaginellales) / Nur Moosfarn-gewächse (Selaginellaceae) / Nur Moosfarn (Selaginella)	Brachsenkraut-artige (Isoetales) / Nur Brachsen-krautgewächse (Isoetaceae) / Nur Brachsen-kraut (Isoetes)
Sonstiges / Habitus			
Sporen / Sporangien	Sporangien einzeln auf der Oberseite von Sporophyllen	Sporangien einzeln auf der Oberseite von Sporophyllen	Sporangien am scheidigen Grund der Blätter in Grube eingesenkt (vgl. Abb.)
	nur eine Sorte von Sporangien	Mega- und Mikrosporangien	Mega- und Mikrosporangien
	isospor	heterospor	heterospor
Standort	terrestrisch	terrestrisch	submers (Uferzone oligotropher Seen)
Blätter	alle gleich	ungleich	alle gleich
	über 3 mm lang	unter 3 mm lang	5-20 cm lang
	klein, schuppig oder nadelförmig	klein, schuppig oder nadelförmig	lang, pfriemförmig
Spross	nicht gestaucht	nicht gestaucht	gestaucht, knollig

Tab. 2: Bärlappgewächse (Lycopodiaceae)

Name	Tannen-Bärlapp (Huperzia selago = Lycopodium selago)	Keulen-Bärlapp (L. clavatum)	Schlangen-Bärlapp (L. annotinum)	Sumpf-Bärlapp (Lycopodiella inundata = Lycopodium inundatum)	Flacher Bärlapp (Diphasium complanatum = Lycopodium complanatum)
		Lycopodium			
Sonstiges/Habitus					Zweige + abge-flacht
Standort	feuchte Bergwälder, Moorwälder			Hochmoore: Torf-schlamm; Dünensenken	trockene Kiefern-wälder, Heiden
Blätter	ohne Haar	Spitze mit hellem Haar	ohne Haar		
		dicht	locker	dicht	
		wechselständig, nadelförmig			kreuzgegen-ständig
Sporo-phyllstand	keine end-ständigen Sporophyll-ähren	deutlich abgesetzt	nicht abgesetzt		deutlich abgesetzt
		endständige Sporophyllähren			
Wuchs	aufrecht, gabelig verzweigt	Hauptspross kriechend, mit aufrechten, ± gabelig verzweigten Seitenästen			

Arbeitsaufgaben

1. Legen Sie ein Herbar der Farnarten an, die in der Umgebung ihres Heimatortes vorkommen (geschützte Arten bitte auslassen!).
2. Stellen Sie die Unterschiede von Wurmfarn, Frauenfarn und Dornfarn zusammen. Achten Sie dabei v. a. auch auf habituelle Unterschiede am Standort und auf unterschiedliche Standortsansprüche.
3. Graben Sie den Wurzelstock eines Wurmfarns (Dornfarns) und ein Stück des Rhizoms vom Adlerfarn aus. Vergleichen Sie die beiden Wuchsformen miteinander.
4. Graben Sie ein Stück des Kriechsprosses vom Acker-Schachtelhalm mit einigen aufrechten Halmen aus. Skizzieren Sie die Wuchsform.
5. Ziehen Sie Farnprothallien aus Farnsporen (vgl. Anleitung im Text).

Literatur

AICHELE, D. und SCHWEGLER, H. W.: Unsere Moos- und Farnpflanzen. Franckh, Stuttgart 1974 (6. Auflage).

EBERLE, G.: Farne im Herzen Europas. Kramer, Frankfurt 1969 (2. Aufl.).

FUKAREK, F.: Die Farne. Neue Brehm-Bücherei Bd. 156. Ziemsen, Wittenberg 1955.

GAMS, H.: Die Moos- und Farnpflanzen. In «Kleine Kryptogamenflora» Bd. IV. G. Fischer, Stuttgart 1973 (5. Aufl.).

HALLER, B. und PROBST, W.: Eine synoptische Merk- und Bestimmungstabelle für einheimische Farne. Praxis d. Naturwissenschaften 6, 149–158 (1977).

JAHNS, H. M.: Farne, Moose, Flechten Mittel-, Nord- und Westeuropas. BLV, München/Wien/Zürich 1980.

RASBACH, K. und WILMANNS, H.: Die Farnpflanzen Zentraleuropas. G. Fischer, Stuttgart 1976 (2. Aufl.).

WEYMAR, H.: Buch der Farne, Bärlappe und Schachtelhalme. Neumann, Radebeul 1964 (4. Aufl.).

PHILIPS, R.: Das Kosmosbuch der Gräser, Farne, Moose, Flechten. Franckh, Stuttgart 1981.

IV. Moospflanzen (Bryophyta)

Thematische Schwerpunkte

Der Wasserhaushalt der Moose – morphologische Anpassungen
Systematische Großgliederung
Moosgesellschaften bestimmter Standorte

Exkursionsziele

Feuchte Wiesen, Rasen, Wegraine
Moore
Feuchte Wälder, Schluchten
Felsen, Gestein, Mauern
Alleebäume

1. Moose – Thallophyten oder Kormophyten?

Die Moose vermitteln zwischen der Organisationsstufe der Lagerpflanzen
(Thallophyten) und der Sproßpflanzen (Kormophyten). Während einige Lebermoose einen ausgesprochen thallosen Vegetationskörper haben (z. B. *Conocephalum, Marchantia, Pellia*), sind die anderen schon in Achse und Blättchen gegliedert («foliose» Lebermoose). Die Laubmoose besitzen immer
beblätterte Sprosse, die zumindest an ihrer Basis Rhizoiden tragen. Sie ver-
ankern die Pflänzchen im Boden, nehmen Wasser und gelöste Stoffe auf und
können, wenn sie einen dichten Filz um die Achse bilden, zusätzlich für
äußeren, kapillaren Wassertransport sorgen.
Die Wasseraufnahme erfolgt – im Gegensatz zu echten Sproßpflanzen – durch
die gesamte Oberfläche, besonders über die meist einzelschichtigen Blättchen.
Dies ist möglich, weil eine mit dicker Cuticula überzogene, wasserabstoßende
Epidermis fehlt.
Somit sind Moose kaum vor Austrocknung geschützt. Hinzu kommt noch,
daß ein inneres Wasserleitungssystem nur bei wenigen Gattungen einen nen-
nenswerten Beitrag zur Wasserversorgung leisten kann. Die meisten Moosar-
ten sind deshalb an Orte hoher Feuchtigkeit gebunden: regen- oder nebelreiche
Bergwälder, feuchte Schluchten, überrieselte Felsen usw.

Es werden jedoch auch Standorte, die zeitweise sehr trocken sind, regelmäßig von bestimmten Moosen besiedelt. Typische Beispiele sind Felsen, Gestein, Mauern, Dächer und Baumstämme. Dies hängt damit zusammen, daß manche Arten eine bestimmte Zeit völliger Austrocknung im Zustand latenten Lebens überdauern können. Ihre vakuolenlosen Zellen schrumpfen sehr gleichmäßig, ohne nachhaltige Störung der Feinstruktur des Protoplasmas. Mit abnehmendem Wassergehalt erlöschen die verschiedenen Lebensfunktionen allmählich, nach Befeuchtung und Quellung setzen sie wieder ein. Im Gegensatz zu den «gleichfeuchten» (homoiohydren) Sproßpflanzen, die i. a. zugrundegehen, wenn ihre Protoplasten austrocknen, sind viele Moose «wechselfeucht» (poikilohydrisch).

Um Zeiten der Austrocknung, während denen der Stoffwechsel lahmliegt, möglichst kurz zu halten, haben Moose zahlreiche Spezialanpassungen zur Wasserspeicherung entwickelt, die wir weiter unten besprechen wollen.

Es ist schwer zu beurteilen, ob Leber- oder Laubmoose höher organisiert sind: Der Thallus von *Marchantia* (einem Lebermoos) ist sehr stark differenziert (vgl. unten), aber die beblätterten, relativ großen Sprosse der *Polytrichum*-Arten (Laubmoose) haben ein gut ausgebildetes inneres Leitungssystem und recht kompliziert gebaute Blättchen mit Assimilationslamellen und einem hygroskopisch arbeitenden Blattgelenk. In beiden Fällen handelt es sich bei diesen Pflänzchen um Gametophyten, die höchstentwickelten im Pflanzenreich.

2. Stammesgeschichte

Über die Abstammung der Moose ist nichts Gesichertes bekannt, da es Fossilfunde möglicher Zwischenformen zu Urfarnen oder Grünalgen nicht gibt. Die ältesten fossilen Moose stammen aus dem Oberdevon und zeigen bereits Formen, die den heutigen weitgehend entsprechen. Haben sich die Moose parallel zu den übrigen Sproßpflanzen aus Grünalgen entwickelt oder gibt es einen gemeinsamen Ursprung, dann aber rasch eine Aufspaltung in zwei unabhängige Entwicklungslinien? Einige gemeinsame abgeleitete Merkmale sprechen für eine engere Verwandtschaft mit den Kormophyten, so etwa der Besitz gleich gebauter Spaltöffnungen bei diesen und den Sporophyten der Laubmoose.

3. Generationswechsel

Moose haben – wie die Kormophyten – einen heterophasischen, heteromorphen Generationswechsel (s. Abb. IV.1). Die grüne Pflanze ist der haploide Gametophyt, der in Gametangien (Geschlechtsorganen) Gameten bildet. Die Gametangien, die beim männlichen Geschlecht Antheridien, beim weiblichen

Archegonien genannt werden, besitzen – im Gegensatz zu den Algen – eine Außenhülle aus sterilen Zellen. Sie können ein- oder zweihäusig verteilt sein. Nach der Befruchtung entwickelt sich der diploide Sporophyt auf dem Moosgametophyten. Der Sporophyt – bei Moosen auch Sporogon genannt – besteht aus einem unverzweigten Stiel und einem endständigen Sporangium in Form einer Kapsel, in der durch Meiose Sporen gebildet werden. Da auf einem Gametophyten mehrere Archegonien (bzw. ihre Eizellen) befruchtet werden können, stehen oft zahlreiche Sporogone auf einem Moospflänzchen. Bei den Laubmoosen bleiben gewöhnlich Reste des Archegoniums als «Haube» (Kalyptra) auf der Kapsel erhalten.

Lebenszyklus eines Laubmooses
(Mnium punctatum)

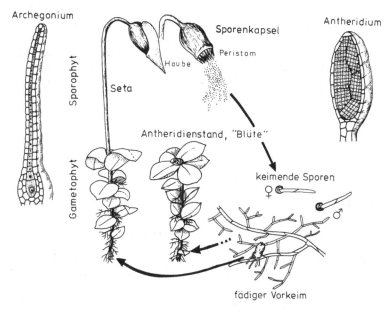

Abb. IV.1

Da die Befruchtung nur in wäßrigem Medium ablaufen kann, sind der Größe der Moose enge Grenzen gesetzt. In Bodennähe ist am ehesten gewährleistet, daß sich die Spermatozoiden (die männlichen, begeißelten Gameten) in einem Wassertropfen zu den Archegonien bewegen können. Die Pflänzchen der größten einheimischen Art, *Polytrichum commune*, werden etwa 30 cm hoch.

Nach der Sporenkeimung entwickelt sich nicht sofort eine neue Moospflanze, vielmehr entsteht zunächst ein stark verzweigtes, an Algen erinnerndes Fadensystem («*Protonema*»), das zahlreiche «Knospen» bildet, aus denen dann die Moospflänzchen hervorgehen. Das Protonema ermöglicht somit eine zusätzliche vegetative Vermehrung und begünstigt außerdem den dichtrasigen oder polsterförmigen Wuchs vieler Moose.

4. Systematik

Die Moose werden in zwei Klassen unterteilt: Lebermoose (Hepaticae) und Laubmoose (Musci). Neben mikroskopischen und entwicklungsgeschichtlichen Unterschieden lassen sie sich makroskopisch oder mit Hilfe der Lupe an folgenden Merkmalen unterscheiden: Bei den Lebermoosen ist der Sproß monosymmetrisch, bei den Laubmoosen meist polysymmetrisch gebaut; die Blättchen der Lebermoose haben keine Mittelrippe, die der Laubmoose können eine Rippe besitzen; die Kapsel der Lebermoose hat keine Haube, während die der Laubmoose eine Kalyptra trägt; die Kapsel der Lebermoose öffnet sich klappenartig und hat kein Peristom, die der Laubmoose öffnet sich mit einem Deckel, die Öffnung weist ein Peristom auf («Mundbesatz» aus mehreren hygroskopisch beweglichen Zähnchen). Man findet übrigens Sporogone bei Lebermoosen selten, bei Laubmoosen häufig (variiert aber stark von Art zu Art). Dies hängt damit zusammen, daß Lebermoossporophyten viel kurzlebiger sind.

4.1 Lebermoose (Hepaticae)

4.1.1 Marchantiales (Brunnenlebermoosartige)

Die Lebermoose haben ihren Namen von den Marchantiales, die einen bandförmigen, gelappten, laubartigen Thallus besitzen, der entfernt an Leberlappen erinnern mag. Da das Brunnenlebermoos (*Marchantia polymorpha*) und das Kegelkopfmoos (*Conocephalum conicum*) recht häufig auftreten, sind die Marchantiales die bekanntesten Lebermoose, obwohl sie nur einen kleinen Bruchteil ihrer Artenvielfalt ausmachen. Sie haben einen anatomisch hochdifferenzierten Thallus: Betrachtet man diesen mit der Lupe, so kann man gut eine sechseckige Felderung der Oberseite erkennen. Unter einem solchen Sechseck befindet sich eine «Luftkammer», ein großer Interzellularraum, in den zahlreiche Zellfäden mit chloroplastenreichen Zellen hineinragen, die «Assimilatoren». Die Außenhaut der Luftkammer weist in ihrer Mitte eine «Atemöffnung» auf. Die tieferliegenden Thallusschichten enthalten besondere Festigungselemente und Zellen, die bevorzugt der Stoffspeicherung dienen. Entlang der Thallusunterseite ist ein kapillares Wasserleitungssystem aus Ventralschuppen und langen, von diesen Schuppen eingeschlossenen Rhizoiden entwickelt.

Die Gametangien der Marchantiales werden von aufrechten Thalluszweigen getragen. Diese sind im unteren Teil stielartig zusammengerollt und verzweigen sich im oberen Teil zu einem 8strahligen Antheridienstand bzw. 9strahligen Archegonienstand (s. Abb. Tab. 5.2) – die Gametangien sind zweihäusig verteilt. Während die Antheridien auf der Oberseite der «Schirme» gebildet werden, sitzen die Archegonien auf deren Unterseite; dadurch stehen natürlich auch die Sporogone an der Unterseite der weiblichen Schirmchen und fallen nicht auf, da sie recht klein bleiben.

4.1.2 Metzgeriales

Diese Moose wurden früher zur nachfolgenden Ordnung gerechnet. Ihr Thallus ist bandartig-flach wie der der Marchantiales, weist aber keine wesentlichen anatomischen Differenzierungen auf (also auch keine Felderung). Die Gametangien sitzen auf der Thallusoberseite, so daß später die Sporogone «rückenständig» stehen, bei *Metzgeria* allerdings auf kurzen Seitenzweigen der Thallusunterseite.

4.1.3 Jungermaniales

Bei weitem die meisten Lebermoos-Arten gehören zu dieser Ordnung. Die Sproßachsen sind dorsiventral gebaut, da sie drei- oder zweizeilig beblättert sind: zwei Reihen größerer Flankenblätter sind stets ausgebildet, die dritte Reihe kleiner Bauchblätter kann auch fehlen. Die Flankenblätter sind oft noch in einen Ober- und einen Unterlappen gegliedert. Die Stellung der Flankenblätter unterscheidet sich in charakteristischer Weise: Von der Sproßspitze ausgehend, können sie sich wie Dachziegel überlappen («unterschlächtige» Blattstellung); überlappen sie sich in umgekehrter Weise, so nennt man die Blattstellung «oberschlächtig». Sind die Blättchen zu weit voneinander entfernt, so daß man eine Überlappung nicht feststellen kann, so gehören sie zu den unterschlächtigen Formen (was an jungen Pflänzchen zu sehen ist).

4.2 Hornmoose (Anthocerotatae)

Isoliert stehende Gruppe thalloser Moose, die früher zu den Lebermoosen gezählt wurde, heute jedoch als eigene Klasse oder Unterabteilung gewertet wird.

Kennzeichnendes Merkmal ist die lange, schotenförmige Kapsel mit Kolumella.

4.3 Laubmoose (Musci)

Die Laubmoose können in mehrere Unterklassen eingeteilt werden, von denen wir die zwei wichtigsten herausgreifen:

4.3.1 Sphagnidae (Torfmoosähnliche)

Die Torfmoose (*Sphagnum* spp.) leben an sumpfigen Orten und spielen bei der Hochmoor- und Torfbildung eine wesentliche Rolle. Sie bilden sehr große Polster oder Decken, wachsen an der Oberfläche weiter, während die tieferen Schichten absterben und allmählich in Torf übergehen. Die Sporogone entwikkeln nur einen sehr kurzen Stiel, stehen aber auf einem «Pseudopodium», das vom Gametophyten gebildet wird und wie ein Kapselstiel aussieht. Im Zusammenhang mit ihrer Lebensweise zeigen die Torfmoose einige anatomische Besonderheiten, die im Abschnitt 5 besprochen werden.

4.3.2 Bryidae (Birnmoosähnliche)

Die Sprosse dieser artenreichsten und vielgestaltigen Gruppe der Laubmoose wachsen entweder aufrecht und tragen die Archegonien (später die Sporogone) endständig («Gipfelfrüchtler» = *akrokarpe Laubmoose*) oder sie wachsen plagiotrop (und zugleich oft fiederig verzweigt) und tragen die Archegonien (bzw. Sporogone) auf kurzen Seitenzweigen («Seitenfrüchtler» = *pleurokarpe Laubmoose*). Diese Zweigliederung wird durch anatomische Merkmale bestätigt: Akrokarpe Laubmoose haben gewöhnlich ein parenchymatisches Blatt-Zellnetz, pleurokarpe ein prosenchymatisches; akrokarpe Laubmoose haben oft einen gut ausdifferenzierten Zentralstrang, pleurokarpe nicht; Glasspitzen oder Glashaare der Blättchen kommen nur bei akrokarpen, nicht aber bei pleurokarpen Laubmoosen vor.

5. Ökologie

5.1 Wasserspeicher

Als Wasserspeicher haben Moose einen bedeutenden Einfluß auf das Mikroklima, v. a. in Wäldern und Mooren. Wie schon mehrfach erwähnt, besitzen Moose zahlreiche Einrichtungen zum Speichern von Wasser: Da ist zunächst der polsterförmige oder dichtrasige Wuchs zu nennen, der die Wirkung eines Schwammes erzielt. Diese Wirkung wird unterstützt durch die sehr enge Stellung der Blättchen, wodurch zwischen diesen und den Stämmchen Kapillarräume entstehen, die nicht nur ein Festhalten des Wassers, sondern auch eine äußere Wasserleitung ermöglichen; ferner entwickeln einige Moose einen dichten Rhizoidenfilz am Grund der Stämmchen, der die Schwamm- und Saugwirkung ebenfalls erhöht.

Manche Moose legen sich so eng an die Unterlage an, daß zwischen Substrat und Thallus Wasser festgehalten werden kann. Zahlreiche Moose besitzen darüber hinaus noch besondere Speicherorgane: Der umgeklappte Unterlappen beblätterter (folioser) Lebermoose ist in diesem Sinn zu verstehen, ja er nimmt beim Sackmoos (*Frullania*) sogar die Form eines Napfes (Wassersackes) an.

Die Torfmoose weisen gleich mehrere Spezialeinrichtungen auf: An den Astquirlen werden abstehende Queräste und eng an das Stämmchen anliegende Hängeäste gebildet. So entstehen zusätzliche Kapillarräume, in denen Wasser dochtartig festgehalten und transportiert werden kann. Alle Blättchen bestehen aus breiten toten Zellen mit Wandporen (Wasserspeicherzellen,

Bau eines Torfmooses (Sphagnum palustre)

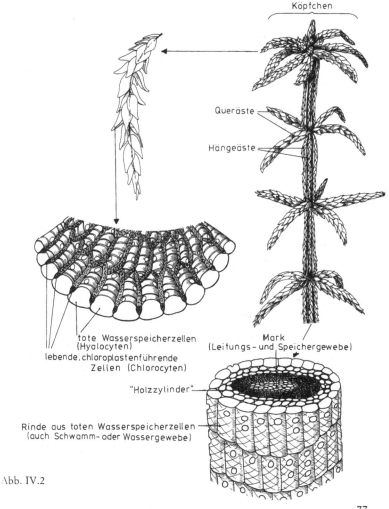

Köpfchen

Queräste

Hängeäste

tote Wasserspeicherzellen (Hyalocyten)
lebende, chloroplastenführende Zellen (Chlorocyten)

Mark (Leitungs- und Speichergewebe)

"Holzzylinder"

Rinde aus toten Wasserspeicherzellen (auch Schwamm- oder Wassergewebe)

Abb. IV.2

77

Hyalinzellen) sowie schmalen grünen, lebenden Zellen (Chlorophyllzellen, Chlorocyten, vgl. Abb. IV.2). Schließlich werden Stämmchen und Äste von einem Mantel toter, mit Poren versehener Zellen umgeben.

Auch beim Weißmoos (*Leucobryum glaucum*) bestehen die Blättchen aus zwei Zelltypen: toten, in zwei Schichten angeordneten, durch Poren verbundene Wasserspeicherzellen und kleinen lebenden, grünen Zellen, die netzförmig zwischen diesen Schichten angeordnet sind (s. Abb. in Tab. 2.3).

Polytrichum-Arten, die übrigens das höchstentwickelte Leitsystem der Moose besitzen, begegnen allzu rascher Austrocknung auch dadurch, daß sich ihre Blättchen bei Wasserverlust hygroskopisch dem Stämmchen anlegen.

5.2 Strahlungsschutz

Zahlreiche Moose sonniger Standorte besitzen einen wirksamen Strahlungsschutz durch die Ausbildung von «Glashaaren» oder «Glasspitzen». Es handelt sich dabei um Haare oder Spitzen aus toten Zellen, die an der Blattspitze auslaufen und das Licht stark reflektieren (*Grimmia*-, *Rhacomitrium*-, *Syntrichia*-Arten). Beim Silber-Birnmoos (*Bryum argenteum*) sind die Zellen im oberen Drittel der Blättchen abgestorben, wodurch die ganzen Sprosse silbrig glänzen.

5.3 Moose als Zeigerarten

Wie höhere Pflanzen können auch Moose bestimmte Standortfaktoren anzeigen, besonders den Säuregrad der oberen Bodenschichten. *Säurezeiger* sind z. B. *Sphagnum* und Lebermoos-Arten, *Polytrichum commune, P. piliferum, Pleurozium schreberi, Dicranum polysetum (= D. undulatum), Racomitrium fasciculare*.

Kalkzeiger sind z. B. *Ctenidium molluscum, Dicranella varia (= Anisothecium varium), Encalypta contorta, Tortella tortuosa, Thamnium alopecurum, Campylium chrysophyllum* und die Lebermoose *Pedinophyllum interruptum, Preissia quadrata, Pellia endiviifolia*. An Stellen, an denen kalkreiches Wasser aus dem Hang sickert (Kalkquellsümpfe), stellen sich regelmäßig die Kalktuffbildner *Eucladium verticillatum* und *Cratoneurum*-Arten ein.

5.4 Moosgemeinschaften bestimmter Standorte

An bestimmten Standorten kann man immer wieder dieselben Moosarten finden. Ein Zweig der Pflanzensoziologie beschäftigt sich mit solchen regelmäßig wiederkehrenden Moosgesellschaften.

Mauermoose

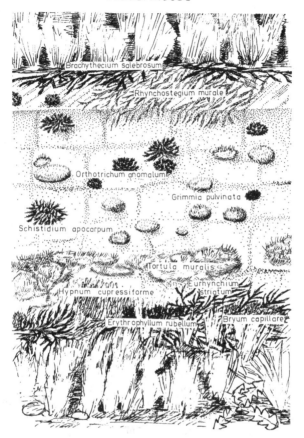

Abb. IV.3: Beispiel einer Vegetationsaufnahme an einer Mauer. Die Gattungen Rhynchostegium, Schistidium (früher Grimmia) und Erythrophyllum sind in der Tabelle nicht enthalten. (Nach einer Aufnahme von A. Bicker und W. Probst).

Einige Beispiele für spezielle Standorte:
1. Alte Feuerstellen: *Funaria hygrometrica*
2. Ritzen zwischen Pflastersteinen und Wegplatten: *Bryum argenteum*, oft zusammen mit dem Mastkraut *(Sagina procumbens)*
3. Felsen, Mauern, Markierungssteine, Ziegeldächer:
   - kalkhaltig (basisch), auch Mörtelfugen: *Encalypta contorta, Grimmia spp., Racomitrium spp., Syntrichia ruralis, Tortella tortuosa, Tortula muralis;*
   - quarzhaltig (sauer): *Grimmia spp., Racomitrium spp., Tortula muralis* (vgl. Abb. IV.3).

4. Borke: *Amomodon viticulosus, Brachythecium spp., Camptothecium sericeum, Hypnum cupressiforme, Isothecium myurum, Leucodon sciuroides, Orthotrichum spp., Plagiothecium spp.* (vor allem am Stammgrund), *Pylaisia polyantha, Ulota spp.*
   - Eng an Borke anliegend: *Frullania tamarisci, Metzgeria furcata, Radula complanata.*
5. Baumstümpfe, morsches Holz: *Brachythecium* (vor allem *B. salebrosum, B. rutabulum*), *Dolichotheca silesiaca, Eurhynchium striatum, Hypnum cupressiforme* (einschl. *H. mammillatum*), *Lepidozia reptans* (vor allem auf entrindetem Holzkörper und Stirnschnitten), *Lophocolea heterophylla, Plagiothecium spp., Amblystegium juratzkanum, Tetraphis pellucida, Aulacomnium androgynum.*
6. Lehmboden (Wald): *Atrichum undulatum, Fissidens taxifolius, Rhytidiadelphus triquetrus, Plagiochila asplenoides f. maior.*
7. Wiesen, Rasen, Wegränder: *Cirriphyllum piliferum, Lophocolea bidentata, Rhytidiadelphus squarrosus, Brachythecium rutabulum.*
8. Naßwiesen und Sümpfe: *Acrocladium cuspidatum, Climacium dendroides, Depanocladus spp.*
9. Offener Sandboden: *Brachythecium albicans, Bryum spp., Ceratodon purpureum, Polytrichum juniperinum* und *P. piliferum.*

6. Vegetative Fortpflanzung

Die Moose haben zahlreiche Möglichkeiten zur vegetativen Fortpflanzung hervorgebracht, womit auch ihre hohe Regenerationsfähigkeit zusammenhängt. Die regelmäßige vegetative Fortpflanzung durch das Protonema wurde bereits erwähnt; auch abgefallene oder abgerissene Moosteilchen regenerieren dadurch, daß zunächst ein neues Protonema gebildet wird.

Am bekanntesten – und immer zu finden – sind die *Brutkörper* von *Marchantia,* die in Brutbechern gebildet werden. Auch die Brutkörper von *Tetraphis pellucida* entstehen in besonderen Brutbechern an der Spitze bestimmter Triebe.

Brutblätter hat z. B. *Dicranodontium longirostre.* Sie brechen sofort ab und lassen sich schön zeigen, wenn man mit feuchtem Finger über ein Polster streicht. Diese Blättchen, die in regelmäßigem Wechsel mit normalen Blättchen gebildet werden, haben an ihrer Ansatzstelle ein Trenngewebe.

Brutäste lassen sich z. B. bei *Leucodon sciuroides* demonstrieren. Dies sind sehr dünne Ästchen mit vielen kleinen, eng anliegenden Blättchen, die im Herbst an der Stengelspitze oder seitlich gebildet werden und später abfallen.

Brutknospen findet man z. B. bei Bryum bicolor und Pohlia-Arten.

Brutfäden sind charakteristisch für eine Kleinart von *Bryum capillare, B. flaccidum.*

Übersicht

Gametophyt	Sporophyt	Moosgruppe/Tab.
deutlich in Stengel und Blätter gegliedert — **Pflanze schraubig beblättert (Ausnahmen s. Tab. 1); Blättchen mit Mittelrippe, wenn ohne, dann nur mit einer Spitze** — Pflanze auf Urgestein, montan und alpin, kupferbraun	keine Seta, sondern "Pseudopodium" (verlängerte Stengelspitze); endständig; mit Kalyptra; mit 4 Spalten	Klaffmoos (Andreaea, Andreaeales)
Pflanze auf Moorböden, oft bleichgrün, sehr grosse Polster bildend; Spitze köpfchenartig; Stengel quirlig verzweigt; mit herabgeschlagenen, anliegenden, Ästen; Blättchen ohne Mittelrippe	keine Seta, sondern "Pseudopodium" (verlängerte Stengelspitze); am "Köpfchen", relativ selten; ohne Kalyptra	Sphagnales: Torfmoos (Sphagnum spp.)
Laubmoose mit besonderer Blattstellung	versch.	s. Tab. 1 S. 82
Pflanze aufrecht, wenig verzweigt, z. T. mit Glashaaren oder Glasspitzen	Seta ausgebildet; endständig; mit Kalyptra; Kapsel öffnet sich mit einem Deckel	Gipfelfrüchtler (Akrokarpe Laubmoose) s. Tab. 2 S. 82
Pflanze kriechend oder aufgerichtet, stark verzweigt, nie mit Glashaaren oder Glasspitzen	Seta ausgebildet; auf kurzen Seitenzweigen; mit Kalyptra	Seitenfrüchtler (Pleurokarpe Laubmoose) s. Tab. 3 S. 82
Pflanze dorsiventral, 3- oder 2zeilig beblättert: 2 Reihen grösserer Ober-, Seiten- oder Flankenblätter und 1 Reihe ventraler Bauch- oder Unterblätter (Amphigastrien); die Bauchblätter können fehlen; Blätter ohne Mittelrippe, mit breitem Grund ansitzend oder 2-5zipfelig	Seta ausgebildet; verschieden; ohne Kalyptra; Kapsel öffnet sich mit 4 Klappen	Beblätterte (Foliose) Lebermoose (Jungermaniales) s. Tab. 4 S. 83
nicht in Stengel und Blätter gegliedert, sondern mit abgeflachtem, meist bandförmigem Spross (thallos)	Seta ausgebildet; verschieden; ohne Kalyptra; Kapsel öffnet sich mit 4 Klappen	Thallose Lebermoose s. Tab. 5 S. 83

Laubmoose (Zeilen Klaffmoos bis Seitenfrüchtler); Lebermoose (Zeilen Beblätterte und Thallose)

Tab. 1: Laubmoose mit besonderer Blattstellung

Blättchen				Name/Tab.
3zeilig (Pflanze fliessender Gewässer)				Quellmoos (Fontinalis antipyretica)
2zeilig oder scheinbar 2zeilig	2zeilig	mit "Rückenflügel"		Spaltzahnmoos (Fissidens)
		ohne "Rückenflügel"; Pflanze selten		Leuchtmoos (Schistostega)
	scheinbar zweizeilig			Tab. 3. 4 S. 83

Tab. 2: Akrokarpe Laubmoose (Gipfelfrüchtler)

Blättchen		Gametophyt	Tab.
mit Glashaar oder Glasspitze		verschieden	2. 1 S. 84
ohne Glashaar oder Glasspitze		nur 2 (3) cm hoch	2. 2 S. 85
		über 3 cm hoch	2. 3 S. 88

Tab. 3: Pleurokarpe Laubmoose (Seitenfrüchtler)

Verzweigung des Pflänzchens			Tab.
bäumchenförmig			3. 1 S. 90
fiederig verzweigt	2-3fach fiederig		3. 2 S. 90
	1fach fiederig		3. 3 S. 91
unregelmässig (s. nächste Seite)			3. 4 S. 83

82

Tab. 3.4: Pleurokarpe, unregelmäßig verzweigte Laubmoose

Beblätterung			Tab.
Pflänzchen flach beblättert			3. 4. 1 S. 92
Pflänzchen allseitig beblättert	Blättchen trocken deutlich abstehend		3. 4. 2 S. 93
	Blättchen trocken anliegend oder kaum abstehend		3. 4. 3 S. 94

Tab. 4: Beblätterte (foliose) Lebermoose (Jungermaniales)

Flankenblätter		Tab.
stark zerschlitzt oder einteilig (nicht in zwei aufeinandergeklappte Lappen geteilt)		4. 1 S. 95
in zwei aufeinandergeklappte Lappen geteilt (Ober- und Unterlappen)		4. 2 S. 96

Tab. 5: Thallose Lebermoose

Thallus		Sporogone		Tab.
ohne Felderung (Metzgeriales)		einzeln auf der Thallusober- oder -unterseite		5. 1 S. 97
gefeldert (Marchantiales)		an der Unterseite schirm- oder kopfförmiger Träger (Gametangienstände)		5. 2 S. 97

Tab. 2.1: Akrokarpe Laubmoose. Blätter mit Glashaar oder Glasspitze

Blätter	Habitus	Sporophyt	Standort	Sonstiges	Name
mit Glasspitze	bis 1 cm; Sprosse kätzchenförmig; meist dichte Kissen		Erde, Mauern; oft zwischen Pflastersteinen	weisslich-grün bis silberweiss	Silber-Birnmoos (Bryum argenteum)
mit Glashaar — Blattspitze allmählich ins Glashaar übergehend	bis 2 cm; dichte kleine Kissen	K. z. T. sitzend		mit weisslichem Schimmer; die Glashaare können auch fehlen	Kissenmoos (Grimmia spp.)
	bis 3 cm; z. T. kissenförmig; Blätter oben fast rosettig		sowie Erde und Holz	satt- bis schmutziggrün, innen oft rötlich-braun, mit starkem Rhizoidenfilz	Haar-Birnmoos (Bryum capillare)
Blattspitze abrupt vom Blatt abgesetzt	bis 4 cm; z. T. niederliegend bis aufsteigend; Seta lang		Gestein, Mauern, Dächer — kalkmeidend	verkürzte Seitenäste	Zacken-mützenmoos (Rhacomitrium spp.)
	meist kissenförmig		und Erde		Erd-Bartmoos (Tortula = Syntrichia ruralis) 1)
Glashaar abrupt vom Blatt abgesetzt	bis 1,5 cm; dichte kleine Kissen	meist vorhanden (s. Habitus)		bläulich-grün, grauweiss schimmernd	Mauer-Drehzahnmoos (Tortula muralis) 1)

1) zahlreiche ähnliche Arten, die jedoch im allgemeinen seltener sind

Tab. 2.2: Akrokarpe Laubmoose; Blätter ohne Glashaar oder Glasspitze; Gametophyt nur 2 (3) cm hoch

Name/Tab.	Dicranaceae Tab. 2.2.1 S. 86	Aloe- Filzhaubenmoos (Pogonatum aloides)	Goldhaarmoos (Orthotrichum)	Krausblattmoos (Ulota)	Hornzahnmoos (Ceratodon purpureus)	Tab. 2.2.2 S. 87
			Orthotrichaceae			
Habitus/Sonstiges		dunkelgrün, starr; ausdauerndes Protonema; wie ein kleines Polytrichum	dunkelgrün, gelblich, bräunlich, schwärzlich; meist fruchtend		bräunlichgrüne Rasen	anders als obige Abb. vgl. auch Nickmoos (Pohlia nutans); nebenstehende Abb.)
			kleine Polster			
Standort	verschieden	sandiger Waldboden, auf lichten Stellen; kalkmeidend	Borke und Gestein		Sandboden, seltener Gestein	
Sporophyt	Deckel mit langer Spitze	Haube filzig, Kapsel rund	Kapsel meist mit 8 Längsrippen; Haube glockig		Kapsel u. Seta glänzend rot	
Blätter	zu einer langen gezähnten Spitze ausgezogen, z. T. einseitswendig	schmal- zungenförmig, mit Assimilationslamellen	trocken ± glatt	trocken wellig- kraus	Rand umgerollt	± breit, ± eiförmig
			zugespitzt oder abgerundet, nicht zu einer langen Spitze ausgezogen			
	schmal, lang					

Nickmoos (Pohlia nutans)

Tab. 2.2.1: Kleine Dicranaceae

Name	Habitus/Sonstiges	Standort	Sporophyt	Blätter
Kleingabelzahnmoos (Dicranella heteromalla)	dichtrasig, hellgrün, glänzend Hinweis: sehr ähnlich: Orthodontium lineare (Blattspitze glatt)	Erde, Gestein, v. a. an Hohlwegen; kalkmeidend	*längsrippig*	sichelförmig, einseitswendig
Krummstielmoos (Campylopus) auf Torf: C. piriformis		Erde (Rohhumus, Torf), Felsen	*längsrippig*	± gerade
Gabelzahnperlmoos (Dicranoweisia cirrata)	braun-grün	auf alten Baumstämmen (v. a. Eichen), auf Strohdächern (v. a. in N-Deutschland)	*glatt*	± gerade
Orthodicranum montanum (= Dicranum montanum)	hell-grün	morsches Nadelholz	meist nicht fruchtend · *glatt*	± gerade

Geradzahnmoos (Orthodontium lineare) vermutlich aus S. Afrika eingeschleppt, in Norddeutschland verbreitet

Tab. 2.2.2: Kleine akrokarpe Laubmoose ohne Glashaare, mit ± breiten Blättchen

Blätter	Sporophyt	Standort	Sonstiges/Habitus	Name
gesäumt und gezähnt	schief birn-förmig *(meist -)*	auf sauren Böden, am Grund von Bäumen usw. Erlenbrüche	niederliegende bis aufsteigende Sprosse bilden ausgedehnte Rasen	Horn-Sternmoos (Mnium hornum)
			vgl. auch Tab.2.3 S.88	vgl. auch Tab.2.3 S.88
ungesäumt, höchstens an der Spitze gezähnt	Kapsel schief birnförmig *(meist +)*	Erde, oft auf alten Feuerstellen	dicht- oder lockerrasig; Seta trocken stark gedreht; einjährig	Wetter-Drehmoos (Funaria hygrometrica)
	Peristom mit nur 4 Zähnen	morsches Holz, Torfwände	dichtrasig; z.T. mit Brutkörpern in "Bechern"	Vierzahnmoos, Georgsmoos (Tetraphis = Georgia pellucida)

Tab. 2.3: Akrokarpe Laubmoose. Blätter ohne Glashaar oder Glasspitze; Gametophyt über 3 cm hoch

Blätter	Habitus	Sporophyt	Standort	Sonstiges	Name
an der Spitze röhrig, bleichgrün	halbkugelige, sehr dichte, bei Trockenheit weissliche Polster, Ø bis 20 cm		Waldboden; kalkmeidend	Blattaufbau mit toten Zellen mit Poren	Weissmoos (Leucobryum glaucum)
z. T. wellig — sichelförmig, einseitswendig — leicht abbrechend (veg. Fortpfl.)	Sprosse z. T. besenförmig — dichte Polster		Waldboden, Gestein, Holz	mit starkem Rhizoidenfilz	Gabelzahnmoos (Dicranum spp.)
			Erde, morsches Holz; kalkmeidend	hellgrün, mit starkem rotem Rhizoidenfilz	Bruchblattmoos (Dicranodontium denudatum)
schmal, lang zugespitzt (vgl. Fortsetzung!) steif-nadelförmig, am Grund scheidig — trocken eng anliegend (Gelenke)	Sprosse von oben sternförmig — bis über 20 cm! selten verzweigt	K. 4kantig! Haube filzig!	meist Waldboden	Blattoberseite mit Längslamellen — einfach oder verzweigt, starr; ausdauerndes Protonema	Frauenhaarmoos, Haarmützenmoos (Polytrichum spp.)
		K. rund!	Erde; kalkmeidend		Grosses Filzmützenmoos (Pogonatum urnigerum)
querwellig	Blätter locker gestellt	K. rund, geneigt; Haube kahl	lehmiger Waldboden	dunkelgrün, selten verzweigt	Nacktmütze, Kathasinenmoos (Atrichum undulatum)
trocken stark gekräuselt			Gestein und Erde; kalkliebend	mit dichtem rostbraunem Stengelfilz	Kräuselmoos, Spiralzahnmoos (Tortella tortuosa)

vgl. Fortsetzung!

Tab. 2.3: Fortsetzung

Name	Sonstiges	Standort	Sporophyt	Habitus	Blätter
Glockenhut-moos (Encalypta streptocarpa = E. contorta)	mit braunen Brutfäden	Gestein, Erde; kalk-liebend	Haube sehr gross	bis 4 cm, meist kleiner	bis 6 mm lang, trocken stark in sich gedreht — zungenförmig
Welliges S. (M. undulatum)	aufrechte Sprosse oft bäumchenartig verzweigt	und schattige, feuchte Rasen		bis ca. 10 cm; sterile Sprosse wedelartig, überhängend	bis über 1 cm lang, querwellig
M. spp. — Sternmoos (Mnium)	Blätter ganzrandig gross: M. punctatum	(einige Arten Sümpfe) — Waldboden		bis ca. 5 cm; die niederliegenden sterilen Sprosse oft flach beblättert	eiförmig bis rundlich — ± eiförmig
Rosenmoos (Rhodobryum roseum)		feuchter Waldboden, buschige Auen	zu 1-3	aufrecht; bis ca. 6 cm; Blätter an der Spitze rosettig gehäuft	länglich-spatelförmig, gross

89

Tab. 3.1: Pleurokarpe Laubmoose. Pflanzen bäumchenförmig verzweigt

Habitus	Blätter	Sporophyt	Standort	Sonstiges	Name
aufrecht, bis 10 cm		mehrere S. beisammen	feuchte Wiesen, etwas kalkscheu	empfindlich gegen Düngung	Bäumchenmoos (Climacium dendroides)
Seitenzweige 2zeilig; bis 10 cm; Rasen locker, starr			Waldboden, Gestein, kalkliebend	dunkelgrün vgl. auch Schnabelmoos Tab. 3.4.2 S.93	Fuchsschwanzmoos (Thamnium alopecurum)

Tab. 3.2: Pleurokarpe Laubmoose. Pflanzen 2- bis 3fach fiedrig verzweigt

Habitus	Blätter	Sporophyt	Standort		Sonstiges	Name
stockwerkartig; bis 15 cm			Waldboden	kalkmeidend	bräunlich- bis gelblichgrün, glänzend	Etagenmoos (Hylocomium splendens)
Sprossspitzen mit Rhizoiden einwurzelnd; bis 10 cm					matt, hell- oder dunkelgrün	Grosses Thujamoos (Thuidium tamariscifolium)

90

Tab. 3.3: Pleurokarpe Laubmoose. Pflanzen 1fach fiedrig verzweigt

Name	Kamm-Moos (Ctenidium molluscum)	Federmoos (Ptilium crista-castrensis)	Starknerv-moos (Cratoneurum commutatum)	Grünstengel-moos (Scleropodium purum)	Rotstengel-moos (Pleurozium schreberi)	Spitzblatt-moos (Cirriphyllum piliferum)
Sonstiges	gelbgrün, sehr zierlich	hellgrün	matt; oft mit dichten Rhizoidenfilz; mit Kalkinkrust.	Rasen blassgrün, glänzend	Rasen gelbgrün, glänzend	blassgrün
Standort	Erde und Gestein; kalkliebend	Waldboden; kalkmeidend	kalkhaltige Quellen und Sümpfe, Kalktuff	Waldboden	kalkmeidend	Erde
Sporophyt						
Blätter	sichelförmig, einseitswendig			eng dachziegelig anliegend		abstehend, haarartig zugespitzt
Habitus	bis 5 cm; Rasen dicht verwebt; Sprossspitzen eingekrümmt	bis 20 cm; Rasen locker, etwas steif	ca. 10 cm	Stengel gelbgrün, ca. 10 cm; Rasen locker	Stengel rot, ca. 10 cm; Rasen dicht	bis 15 cm; Rasen locker
	regelmässig fiederig verzweigt			unregelmässig fiederig verzweigt		
	Seitenäste sehr dicht			Seitenäste locker		

Tab. 3.4.1: Pleurokarpe Laubmoose. Pflanzen unregelmäßig verzweigt, flach beblättert (vgl. die akrokarpe Gattung Mnium (Sternmoos)

Name	Flachmoos (Homalia trichomanoides)	Neckermoos (Neckera spp.)	Welliges P. (P. undulatum)	P. spp.	Stubbenmoos (Dolichotheca silesiaca)
			Plattmoos (Plagiothecium)		vgl. auch Schlafmoos (Hypnum) Tab.3.4.3 S.94
Sonstiges	Hygrophyt	N. crispa bis 20 cm, N. complanata bis 5 cm	bleich-grün		gelbgrün
	glänzend				
Standort	Laubholzborke, Gestein, oft in Bachnähe	Gestein, Borke; kalkliebend	Waldboden; kalkmeidend	oft an der Basis von Waldbäumen	morsches Holz, Baumstümpfe
Sporophyt	rot				
Blätter	abwärts gekrümmt, pergamentartig, stumpf	nicht abwärts gekrümmt, z.T. querwellig	querwellig	nicht querwellig	abstehend, lang zugespitzt, gebogen
Habitus	bis 5 cm	Grösse verschieden	bis 10 cm	bis 6 cm	schwach abgeflacht; bis 10 cm
	Sprosse stärker verzweigt, ± abstehend		Sprosse kaum verzweigt; Rasen flach angedrückt		
	stark abgeflacht				

Tab. 3.4.2: Pleurokarpe Laubmoose. Pflanzen unregelmäßig verzweigt, allseitig beblättert; Blättchen trocken deutlich abstehend

Name	Sichelmoos (Drepanocladus spp.)	Kranzmoos, Runzelbruder (Rhytidiadelphus spp.)	Spiessmoos [1] (Acrocladium cuspidatum = Calliergonella cuspidata)	Schnabelmoos (Eurhynchium striatum)	Kurzbüchsenmoos (Brachythecium)	Stumpfdeckelmoos (Amblystegium, Leptodictyon)	Vielfruchtmoos (Pylaisia polyantha)
Sonstiges	Blätter sichelförmig einseitswendig	Verwendung in Trockensträussen (Name!)	an der Sprossspitze sind die Blätter eng zusammengewickelt	wichtigstes Unterscheidungsmerkmal ist die Kapsel		Blättchen winzig, sichelig	oft mit vielen Sporogonen (Name!)
Standort	Gestein, Erde, Holz, Sümpfe	Waldboden, Wiese	feuchte Wiesen, Wegränder	Waldboden	Erde, Holz, Gestein	Erde, Gestein, Holz	morsches Holz, Borke, Gestein

Sporophyt / **Blätter:**

mit deutlich ausgezogener Spitze		ohne deutlich ausgezogene Spitze			mit deutlich ausgezogener Spitze	

(Vielfruchtmoos: K. aufrecht)

Habitus:

Sprossspitzen stark einseitswendig	oft sehr kräftig, sehr sparrig beblättert	Sprossspitzen "stechend", gerade, hell; bis ca. 8 cm; sehr variabel	Seitenzweige oft bäumchenförmig verzweigt	locker verzweigt	fadenförmig, zart, verworren	Sprossspitzen etwas einseitswendig

± aufrecht		± niederliegend				

kräftigere Moose, weit über 2 cm gross					kleine Moose, bis 2 cm gross	

[1] Wenn keine stechende Sprossspitze, vgl. auch Schönastmoos (Calliergon), insbes. in Sümpfen und auf moorigen Böden:

Calliergon stramineum

93

Tab. 3.4.3: Pleurokarpe Laubmoose. Pflanzen unregelmäßig verzweigt, allseitig beblättert; Blättchen trocken anliegend oder kaum abstehend

Name	Schlaf-moos [1] (Hypnum spp.)	Wolfsfuss-moos (Anomodon viticulosus)	Weisszahn-, Eichhorn-schwanz-moos (Leucodon sciuroides)	C. sericeum	Gold-moos (C. lutescens)	Mausschwanz-moos (Isothecium myurum)
				Krummbüchsenmoos (Camptothecium)		
Sonstiges	teppich-bildend; vielge-staltig	braun- bis olivgrün; Blätter beim An-feuchten sofort stark abstehend	dunkel- bis braungrün, mit helle-ren Spitzen; Brutäste	gelbgrün	golden	bräunlich-grün
	nicht oder kaum glänzend			glänzend		matt
Standort	Erde, Holz, Borke, Gestein	Borke, Gestein	Borke, trockener Fels	Borke, Gestein	Gestein, Erde; kalk-liebend	Borke, Gestein
Sporophyt						
Blätter	sichel-förmig	feucht abstehend				
		spitz dreieckig				
Habitus	Sprosse zopfförmig, niederliegend	Seitensprosse bis 6 cm, etwas starr	Seitensprosse bis 4 cm / die aufrechten Seiten-äste stark gebogen	Seiten-sprosse bis 2 cm / Seitensprosse aufrecht, kaum verzweigt (Pfl. daher an akro-karpe Laubmoose erinnernd)	Rasen locker; Sprosse ca. 10 cm lang	Rasen dicht; Sprossspitzen, oft ver-jüngt
	Sprossspitzen einseitswendig			Sprossspitzen nicht einseitswendig		
	etwas abgeflacht	Sprosse drehrund				

[1] häufiges pleurokarpes Moos auf Mauern und Felsen: Mauermoos (Rhynchostegium murale)

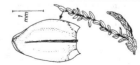

Tab. 4.1: Beblätterte Lebermoose (Jungermaniales); Flankenblätter nicht in zwei aufeinandergeklappte Lappen geteilt

	Filzmoos (Trichocolea tomentella)	Federchenmoos (Ptilidium)	Muschelmoos (Plagiochila asplenoides)	Kammkelchmoos (Lophocolea) — L.bidentata / L.heterophylla	Peitschenmoos (Bazzania trilobata, B. denudata)	Netzmoos, Spinnwebmoos, Schuppenzweigmoos (Lepidozia reptans)
Sonstiges	bleichgrüne Filze, wollig aussehend	braungrüne Filze	ähnlich, aber mit Unterblättern: Bartkelchmoos (Calypogeia)	blassgrün, zart, durchscheinend / grün	dunkelgrüne Polster; ventrale peitschenartige "Flagellen"	flache Überzüge; Äste oft peitschenartig verjüngt ähnlich: Microlepidozia
Standort	Erde, Fels, feuchte Orte	morsches Holz, Erde, Gestein	Waldboden, Fels, morsches Holz	feuchter Boden, zwischen Moos und Gras / morsches Holz, Stümpfe	Waldboden, Baumstümpfe, Gestein; kalkmeidend	morsches Holz, Sauerhumus
Habitus	doppelt fiederig verzweigt	fiederig verzweigt	bis 10 cm lang, aufsteigend — bis 5 cm lang, kriechend oder aufgerichtet	viel kleiner; Blättchen der Stengelspitze nur seicht ausgerandet	bis 12 cm lang, aufgerichtet, gabelig verzweigt	bis 4 cm lang, niederliegend, fiederig verzweigt
Bauchblätter	tief gespalten, den Flankenblättern ähnlich	sehr klein oder fehlend (vgl. Sonstiges!)	sehr klein oder fehlend (vgl. Sonstiges!)	tief geteilt, viel kleiner als Flankenblätter	4lappig, breiter als lang	4teilig, so breit wie der Stengel
Flankenblätter	tief und schmal zerschlitzt; Zipfel unregelmässig	ungeteilt, abgerundet, herablaufend	ungeteilt, abgerundet, herablaufend	2spitzig, fast längs angewachsen, weit herablaufend	3spitzig, abgestutzt	3-4spitzig, Spitzen nach unten gewendet

2-4spitzig

unterschlächtig — oberschlächtig

Tab. 4.2: Beblätterte Lebermoose (Jungermaniales); Flankenblätter in zwei aufeinandergeklappte Lappen (Ober- und Unterlappen) geteilt

	Kahlfruchtmoos (Madotheca spp.)	Sackmoos (Frullania, meist F. tamarisci)	Kratzmoos (Radula spp., meist R. complanata)	Doppelblattmoos (Diplophyllum spp.)	Spatenmoos (Scapania spp.)
Name	Kahlfruchtmoos (Madotheca spp.)	Sackmoos (Frullania, meist F. tamarisci)	Kratzmoos (Radula spp., meist R. complanata)	Doppelblattmoos (Diplophyllum spp.)	Spatenmoos (Scapania spp.)
Sonstiges	dunkelgrüne Rasen; meist M. platyphylla	kupferfarben, braun oder schwärzlich	hellgrüne anliegende Flächen	meist D. albicans	
Standort	Fels, Borke, Erde	Fels, Borke, Erde	Laubholzborke, Baumstümpfe	Erde und Fels	Erde, Fels, morsches Holz, Sumpf, fliessende Gewässer
Habitus	bis 5 cm lang, niederliegend bis aufgerichtet, steif — fiederig verzweigt	bis 4 cm lang, flach angepresst (von oben gesehen) — fiederig verzweigt		bis 3 cm lang (Z von oben)	in Grösse sehr verschieden: niederliegend oder aufgerichtet (Z von oben)
Bauchblätter	einfach, gross	2lappig		–	
Flankenblätter	O-lappen schief herzförmig, abgerundet; U-lappen zungenförmig, fast parallel zum Stengel	O-lappen rundl.-elliptisch; U-lappen helmförmig (Wassersack!)	O-lappen breiter als lang oder kreisrund; U-lappen zugespitzt	O- u. U-lappen länglich, mit hellem Mittelstreifen	O- u. U-lappen rundlich-oval
	oberschlächtig	oberschlächtig	oberschlächtig	unterschlächtig (Orientierung nach den grösseren Lappen!)	unterschlächtig (Orientierung nach den grösseren Lappen!)
	Oberlappen grösser als Unterlappen	Oberlappen grösser als Unterlappen	Oberlappen grösser als Unterlappen	Oberlappen kleiner als Unterlappen, von oben daher 4 Blattreihen zu sehen	Oberlappen kleiner als Unterlappen, von oben daher 4 Blattreihen zu sehen

Tab. 5.1: Metzgeriales

Wuchs	Thallus		Sporophyt	Standort	Sonstiges	Name
bis 2 cm lang, bis 2 mm breit	gabelig verzweigt, mit Mittelrippe	Mittelrippe deutlich	auf der Thallusunterseite an der Rippe	(glatte) Borke, Gestein	M. pubescens am Rand bewimpert	Igelhaubenmoos (Metzgeria spp.)
bis 7 cm lang, bis 10 mm breit		Mittelrippe undeutlich	auf der Mitte der Thallusoberseite	feuchte Erde, Gräben, Böschungen	meist P. epiphylla (kalkmeidend)	Beckenmoos (Pellia spp.)
bis 5 cm lang, bis 10 mm breit (meist aber Kleiner)	± rosettig, ohne Mittelrippe — R. pinguis — R. sinuata		am Thallusrand	morsche Baumstümpfe, Erde	wenn regelmässiger gabelteilig: Riccia spp.	Riccardiamoos (Riccardia spp.)

Tab. 5.2: Marchantiales

Wuchs	Thallusbau	Gametangienträger	Standort	Sonstiges	Name
bis 10 cm lang, bis 2 cm breit	mit schüsselförmigen Brutbechern und schwarzem Mittelstreif; Felderung nicht immer deutlich	sternförmig gelappt ♂; weibl. Träger kegelförmig, kurz gelappt; männl. Träger ungestielt ♀	feuchte, nährstoffreiche Stellen	Atemöffnungen schornsteinförmig	Brunnenlebermoos (Marchantia polymorpha)
	ohne Brutbecher, ohne deutlichen schwarzen Mittelstreif; Felderung sehr deutlich, mit einem weissen Punkt in der Mitte		feuchte Erde, Gestein, Mauern; kalkliebend	Atemporen auf flachem Kegel	Kegelkopfmoos (Conocephalum conicum)

Arbeitsaufgaben

1. Stellen Sie für verschiedene Standorte zusammen:
   - Anzahl der Moosarten,
   - Anzahl der Laubmoose, getrennt nach akrokarpen und pleurokarpen Arten,
   - Anzahl der Lebermoose, getrennt nach thallosen und foliosen Arten.
   Fertigen Sie für jeden Standort ein Säulendiagramm an, in das die Anteile der verschiedenen Typen eingetragen werden.
   Folgende Standorte sind geeignet: Nadelwaldboden, Baumstümpfe, Baumstämme, Mauern, Rasen bzw. feuchte Wiesen, Moore.
2. Bestimmen Sie die Wasserkapazität verschiedener Moosarten.
   Man läßt das gut durchfeuchtete Moos (etwa eine Hand voll) in einem Küchensieb abtropfen und wiegt (Wert 1). Dann wird das Moos ausgequetscht und erneut gewogen (Wert 2); durch diese Behandlung wird das Kapillarwasser weitgehend entfernt. Schließlich wird das Moos im Trockenschrank oder mit dem Fön bis zur Gewichtskonstanz getrocknet (Wert 3) – auch mehrtägiges Auslegen in einem trockenen Raum reicht dafür aus.
3. Kapillarer Wassertransport beim Torfmoos: Zwei Reagenzgläser werden in einem Ständer aufrecht nebeneinandergestellt, das eine leer, das andere randvoll mit Wasser. Eine Torfmoospflanze (ein Stengel) wird von dem vollen ins leere Reagenzglas gebogen. Beobachten Sie die Saugheberwirkung und messen Sie nach 10, 20, 30 . . . min. die abgetropfte Wassermenge (evtl. einen kleinen Meßzylinder als Abtropfgefäß verwenden!).
4. Untersuchen Sie Alleebäume auf ihren Moosbewuchs: Verteilung und Menge (Flächendeckung) der einzelnen Arten in Abhängigkeit von Stammhöhe und Himmelsrichtung.
   Gut bewährt hat sich die Verwendung einer durchsichtigen Plastikfolie und verschiedener Farben wasserfester Filzschreiber. Die Folie wird um den zu untersuchenden Stamm gewickelt, dann werden die Flächen, die die Moose einnehmen, mit Filzstift aufgezeichnet – für die verschiedenen Arten werden verschiedene Farben verwendet. Mit einem Kompaß wird die Nordrichtung festgestellt und auf der Folie eingetragen. Die Folien werden ausgewertet, indem man die Areale der einzelnen Arten ausschneidet und die Gesamtfläche durch Wiegen bestimmt (Vergleich mit bekannter Fläche!). Man kann auch die Folien über ein Papier mit einem gleichmäßigen Punkteraster legen und die Punkte auszählen.
   Auf gleiche Weise lassen sich Mauern, Felsen usw. untersuchen.
5. Anlage eines Moosherbars (nur auffällige und häufige Arten in maximal handtellergroßen Proben sammeln, weit über die Hälfte aller heimischen Moosarten sind bedroht!)
   Die Moose werden im Gelände in Falttüten aus Zeitungspapier gesteckt, die möglichst aus mehreren Lagen Papier bestehen sollten, damit sie bei Befeuchtung nicht so leicht aufbrechen. Zu Hause werden die Tüten samt Inhalt vollständig getrocknet. Dann können die Moose zur endgültigen Auf-

bewahrung in gefaltete Papiertüten, Briefumschläge usw. gesteckt werden. Nach sorgfältiger Beschriftung können diese in alphabetischer Reihenfolge in Schuhkartons oder Karteikästen (DIN A6) untergebracht werden.

Literatur

AICHELE, D. und SCHWEGLER, H.-D.: Unsere Moos- und Farnpflanzen. Franckh, Stuttgart 1974 (6. Aufl.).

BERTSCH, K.: Moosflora von Südwestdeutschland. Ulmer, Stuttgart 1966 (3. Aufl.).

BURCK, O: Die Laubmoose Mitteleuropas. Kramer, Frankfurt 1947.

FRAHM, J. P. und FREY, W.: Moosflora von Mitteleuropa. Ulmer, Stuttgart (im Druck).

GAMS, H.: Die Moos- und Farnpflanzen. In «Kleine Kryptogamenflora» Bd. IV. G. Fischer, Stuttgart 1973 (5. Aufl.).

HERZOG, T.: Bestimmungstabellen der einheimischen Laubmoosfamilien. G. Fischer, Jena 1959 (3. Aufl.).

LANDWEHR, J.: Atlas Nederlandse Levermossen. Koninklijke Nederlandse Natuurhistorische Vereniging, Amsterdam 1980.

LANDWEHR, J. und BARKMANN, J. J.: Atlas van de Nederlandse Bladmossen. Koninklijke Nederlandse Natuurhistorische Vereniging, Amsterdam 3. Aufl. 1978.

JAHNS, H. M.: Farne, Moose, Flechten Mittel-, Nord- und Westeuropas. BLV, München/Wien/Zürich 1980.

MOENKEMEYER, W.: Die Laubmoose Europas. In: RABENHORST, L.: Kryptogamenflora von Deutschland, Österreich und der Schweiz, 4. Erg.-Bd. zur 2. Aufl. Akad. Verlagsgesellschaft Geest und Portig, Leipzig 1927.

MÜLLER, K.: Die Lebermoose Europas, in: RABENHORST, L.: Kryptogamenflora von Deutschland, Österreich und der Schweiz, Bd. VI. Akad. Verlagsgesellschaft Geest und Portig, Leipzig 1954 (3. Aufl.).

PHILIPS, R.: Das Kosmosbuch der Gräser, Farne, Moose, Flechten. Franckh, Stuttgart 1981.

SMITH, J. E.: The Moos Flora of Britain and Ireland. Cambridge Univ. Press, Cambridge 1978.

SCHUSTER, R. M.: Boreal Hepaticae. Bryophytorum Bibliotheca, Bd. 11, Cramer, Lehre 1977.

WEYMAR, H.: Buch der Moose. Neumann, Radebeul 1958.

V. Flechten

1. Die Flechtensymbiose

Eine Flechte ist eine Symbiose aus einer Alge und einem Pilz, wobei i. a. eine neue morphologische und physiologische Einheit entstanden ist[3]. Als Algenpartner nehmen fast ausschließlich Grün- und Blaualgen, als Pilzpartner in den allermeisten Fällen Ascomyceten, ganz selten auch Basidiomyceten an der Symbiose teil. Dabei umspinnen die Pilzhyphen die Algenzellen sehr eng, die Symbiose ist also eine Ektosymbiose – der Sonderfall bei *Geosiphon* (*Nostoc* endosymbiotisch in einem Phycomyceten) sollte nicht als Flechte bezeichnet werden. Auch sind es nur ganz bestimmte Pilz- und Algenarten, die eine solche Symbiose eingehen können; die bei uns häufigste Flechtenalge *Trebouxia* ist freilebend nicht nachgewiesen!

Die höchst entwickelten Flechten-Thalli zeigen eine erstaunliche Konvergenz zu den Organen höherer Pflanzen: Flechten mit strauchigem Wuchs erinnern sehr an beblätterte Sprosse, blattförmige Flechten zeigen eine den Laubblättern ähnliche anatomische Gliederung in eine Assimilationsschicht und eine schützende Rindenschicht.

---

[3] Der Botaniker und Mykologe DE BARY äußerte 1866 zum ersten Mal die Auffassung, daß Gallertflechten aus Pilzen und Algen zusammengesetzt seien. SCHWENDENER dehnte 1869 diese Erkenntnis auf alle Flechten aus.

2. Wuchsformen

Man unterscheidet bei den Flechten krusten-, blatt- und strauchförmige Thalli sowie Gallertflechten (vgl. Abb. V.1). Die «Krustenflechten» liegen dem Substrat mit ihrer ganzen Unterseite an und sind so fest mit ihm verwachsen, daß sie nicht ohne Beschädigung abgelöst werden können. Die «Blatt-»

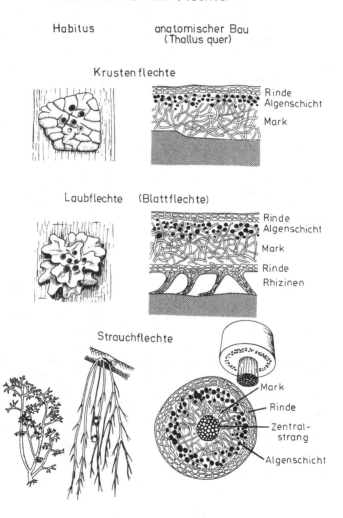

Lebensformen der Flechten

Habitus   anatomischer Bau
         (Thallus quer)

Krustenflechte

Rinde
Algenschicht
Mark

Laubflechte (Blattflechte)

Rinde
Algenschicht
Mark
Rinde
Rhizinen

Strauchflechte

Mark
Rinde
Zentral-strang
Algenschicht

Abb. V.1

(«Laub-») und die «Strauchflechten» lassen sich dagegen meist leicht von der Unterlage abheben, auf der sie lose liegen oder mit Haftorganen befestigt sind. Die «Gallertflechten» sind durch ihre gallertige Thallusbeschaffenheit gekennzeichnet.

2.1 Krustenflechten

Krustenflechten können firnisartige, schorfige oder körnige Überzüge auf Borke, Gestein, Erde, Moosen, Pflanzenresten usw. bilden oder ihr Lager ist aus vielen kleinen Schollen zusammengesetzt (besonders auf Gestein). Der Thallus einfach gebauter Krustenflechten kann auch innerhalb des Substrats wachsen, z. B. die «endolithischen» Arten in Kalkstein, die durch ausgeschiedene Säuren das Gestein in kleinen Bereichen auflösen. Eine Reihe von Krustenflechten zeigt Übergänge zu den Blattflechten.

2.2 Blatt- oder Laubflechten

Das Lager der Blattflechten besteht aus flachen, dorsiventral gebauten Lappen. Es lassen sich zwei Grundtypen unterscheiden, die «eigentlichen» Blattflechten und die «Nabelflechten». Die Einzelloben der erstgenannten liegen ganz oder teilweise dem Substrat auf, während die Nabelflechten ein ± napfartiges Lager haben, das mit einer zentralen Haftscheibe befestigt ist. Einige Blattflechten bilden Übergangsformen zu den Strauchflechten.

2.3 Strauchflechten

Die Äste der Strauchflechten sind bandartig oder drehrund. Wenn im letzten Fall die Flechte von einer Unterlage herabhängt und einen fein gegliederten Thallus besitzt, spricht man auch von *«Bartflechten»*. Diese sind entweder mit einer Haftscheibe befestigt oder hängen locker über das Substrat herab. Zu den Strauchflechten rechnet man auch solche Flechten, die aus einem zwiegestaltigen Thallus bestehen, einem krustigen oder schuppig-blättrigen Horizontalthallus und einem Vertikalthallus. Der aufrechte Teil kann entwicklungsgeschichtlich ein Teil des Fruchtkörpers sein («Podetium» bei *Cladonia*).

Der Thallus der strauchförmigen Flechten wird durch besondere Strukturen gefestigt. Die Festigungselemente werden bei aufrechtem Thallus in einer röhrenförmigen Scheide an der Peripherie, bei hängendem Thallus in einem Zentralstrang angeordnet. Im ersten Fall wird hohe Biegungsfestigkeit, im zweiten Fall hohe Zugfestigkeit erreicht. Verschiedene, nicht verwandte Flechten haben in Konvergenz dieselben Bauprinzipien entwickelt.

2.4 Gallertflechten

Diese Flechten haben Blaualgen als Partner, deren Gallertscheiden bei Wasseraufnahme stark quellen und die gelatinöse Konsistenz hervorrufen. Auch sie haben verschiedene Wuchsformen, bleiben aber i. a. relativ klein.

3. Thallusbau

3.1 Schichtung

Sind die Algen mehr oder weniger regellos im Thallus verstreut, so ist die Flechte ungeschichtet (*homoeomer*), sind sie dagegen auf eine bestimmte Zone beschränkt, so entsteht eine geschichtete (*heteromere*) Flechte. Die «Algenschicht» liegt über der «Markschicht» und wird nach außen (oben) von der «Rindenschicht» geschützt (auf der Unterseite kann auch noch eine untere Rindenschicht ausgebildet sein).

Der homoeomere Bau ist für die Gallertflechten, der heteromere Bau für Blatt-, Strauch- und viele Krustenflechten charakteristisch (vgl. Abb. V.1).

Manchmal wachsen Pilzhyphen dem Thallus voraus; auf diese Weise entsteht ein «Vorlager» (Prothallus).

3.2 Anhangsorgane

Hyphenstränge, die der Thallusunterseite entspringen, nennt man *«Rhizinen»*. Oft befestigen sie den Thallus am Substrat. Auch einzelne Hyphen («Rhizoidhyphen») können diesem Zweck dienen. Vom Thallusrand abstehende Hyphenstränge nennt man *«Cilien»*.

3.3 Atemöffnungen

Die charakteristisch gebauten Durchlüftungsorgane der Gattung *Sticta* werden *«Cyphellen»* genannt. Atemporen anderer Flechten nennt man *«Pseudocyphellen»*.

3.4 Cephalodien

Einige Flechten, die eine Grünalge als Symbiont enthalten, nehmen in bestimmten Teilen ihres Thallus eine Blaualge als weiteren Partner auf. Die eng begrenzten Thallusbereiche, die die Blaualge enthalten, nennt man *«Cephalodien»*, die «intern» oder «extern» sein können. Interne Cephalodien kommen bei Peltigeraceen und Stictaceen, externe z. B. bei *Peltigera aphthosa* vor.

4. Vegetative Fortpflanzung

In Anpassung an den Doppelorganismus haben Flechten besondere Verbreitungseinheiten entwickelt, mit deren Hilfe beide Partner gleichzeitig verbreitet werden. Dies geschieht durch einfache Thallusbruchstücke, Isidien und Soredien. *Isidien* sind stift-, schuppenförmige oder verzweigte Thallusauswüchse, die bei äußerer Einwirkung abbrechen. *Soredien* sind sehr kleine Thallusteilchen, die meist in bestimmten Aufbruchstellen des Lagers, den «Soralen», gebildet und abgestoßen werden (s. Abb. V.2). Werden sie diffus an der Oberfläche des Thallus gebildet, so spricht man von einem staubig-sorediösen Thallus.

Gallertflechten besitzen höchstens Isidien, während Krusten-, Blatt- und Strauchflechten Isidien und/oder Soredien besitzen können.

Nach ihrer Form unterscheidet man Fleck-, Kugel-, Kopf-, Strich- (Spalten-), Lippen- und Rand- (Borten-) Sorale.

Vegetative Vermehrung

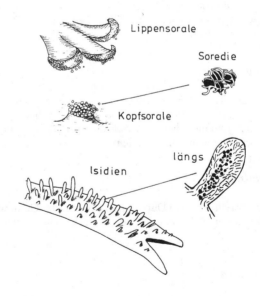

Abb. V.2

5. Fruchtkörper

Apothecien sind bei weitem die häufigsten Fruchtkörper der Flechten. Nach der Art ihres Randes unterscheidet man zwei Haupttypen: Wird das Gehäuse des Apotheciums vom Fruchtkörpergewebe selbst gebildet, so hat es einen *«Eigenrand»*, wird das Gehäuse dagegen aus Thallusgewebe gebildet, so hat es einen Thallus- oder *«Lagerrand»*. Ist ein Lagerrand ausgebildet, so bezeichnet man diesen Typ als *«lecanorin»* (nach der Gattung *Lecanora*); hat das Apothecium dagegen einen Eigenrand, so nennt man diesen Typ *«lecidein»* (nach der Gattung *Lecidea*, vgl. Abb. V.3). Merke: Lagerrand: Lecanora; Eigenrand: Lecidea.

Apothecientypen

lecidein

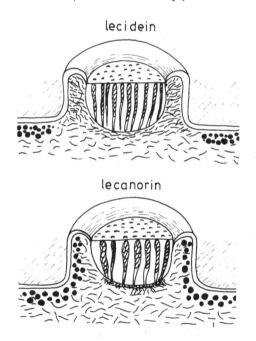

lecanorin

Abb. V.3

Die Fruchtkörper können ganz oder teilweise in den Thallus eingesenkt sein oder ihm flach aufliegen, die meisten werden jedoch wenigstens ein kleines Stück über den Thallus emporgehoben. Bei manchen Gattungen, z. B. *Cladonia*, kann der Stiel des Fruchtkörpers eine beträchtliche Größe erreichen; der ursprüngliche, flachliegende Thallus (Thallus horizontalis) kann auch völlig zurückgebildet sein; in diesem Fall übernimmt der aufrechte Thallus (Thallus verticalis) die Assimilation und bildet manchmal sogar «Blättchen» aus. Gehört der aufrechte Teil des Thallus entwicklungsgeschichtlich zum Fruchtkörper, so nennt man ihn *«Podetium»*, andernfalls *«Pseudopodetium»*. Die Apothecien können dabei einzeln oder zu mehreren terminal oder lateral auf den Podetien stehen.

6. Verbreitung

Als Erstbesiedler extremer Standorte haben Flechten eine große biologische Bedeutung. In Wüsten und Halbwüsten, auch in der nivalen Stufe der Hochgebirge sind sie neben Algen über weite Strecken die einzigen Besiedler.

In den borealen Nadelwäldern wird das Vegetationsbild der Bodenschicht von den dichten Beständen der Strauchflechten (insbesondere *Cladonia*-Arten und *Cetraria islandica*) beherrscht, ebenso in den Tundren. Auch die nordwestdeutschen Heidegebiete sind sehr reich an Strauchflechten. Im übrigen fallen die Flechten in Mitteleuropa vor allem als Besiedler von Gestein und als Epiphyten auf, wobei sie in der Forstwirtschaft möglicherweise eine wichtige Rolle durch die Hemmung verschiedener Holzparasiten spielen: Ein wäßriger Extrakt von *Hypogymnia physodes,* einer unserer häufigsten Flechten auf Bäumen, erwies sich als recht wirkungsvoll gegen verschiedene holzzerstörende und baumparasitische Pilze.

Flechten haben – auch außerhalb der Biologie – eine hohe Aktualität im Zusammenhang mit dem Problem der zunehmenden Umweltverschmutzung erhalten. Das labile innere Gleichgewicht der Symbiose läßt sie auf Luftverunreinigungen sehr empfindlich reagieren, insbesondere ist Schwefeldioxid schon in geringsten Mengen ein Flechtengift. Die verschiedenen Arten sind nicht gleich empfindlich, *Evernia prunastri* und *Ramalina farinacea* zum Beispiel sind empfindlicher als verschiedene *Parmelia*-Arten. Zusätzlich zu einer Schadstoffanhäufung in der Luft bewirkt das trockenere und wärmere Lokalklima der Städte eine stärkere Austrocknung der Thalli. Beide Effekte wirken zusammen, so daß in Städten sogenannte «Flechtenwüsten» entstehen. In den Außenbezirken schließt sich die «Kampfzone» an.

7. Wirtschaftliche Bedeutung

Ihre größte wirtschaftliche Bedeutung haben die Flechten der circumpolaren Tundren als Futter für die Rentiere. Die wichtigste Art ist *Cladonia stellaris* (= *C. alpina*). Diese und *Cetraria islandica* («Isländisch Moos») werden in Island auch als Futter für Haustiere gesammelt. In früheren Zeiten spielten Flechten auch für die menschliche Ernährung eine gewisse Rolle.

Cladonia stellaris wird in großem Umfang in der Kranzbinderei verwendet

(Winterhalbjahr). Manche Flechten werden wegen ihrer Duftstoffe gesammelt. So spielt *Evernia prunastri*, die Pflaumenflechte, zum Beispiel als «Mousse de chêne» eine Rolle in der französischen Parfümindustrie. Auch als Lieferanten wirksamer Antibiotica, insbesondere Usninsäure, finden einige Flechtenarten Verwendung. Die an den Küsten von Skandinavien bis zum Mittelmeergebiet verbreiteten *Roccella*-Arten *R. fuciformis* und *R. tinctoria* enthalten den kompliziert aufgebauten Lackmusfarbstoff, der als pH-Indikator dient.

8. Probleme der Systematik

Als Doppelorganismen sind Flechten im System der Pflanzen eigentlich gar nicht unterzubringen. Man müßte strenggenommen eine «Formabteilung» Flechten aufstellen. Viele Autoren neigen heute dazu, die Flechten als «lichenisierte Pilze» zu betrachten und dem Pilzsystem an- bzw. einzugliedern. Damit wird die Verwandtschaft der Pilzpartner klar verdeutlicht, die der Algen aber zwangsläufig vernachlässigt. Dies wird damit begründet, daß die Pilze gestaltlich dominieren und sich in der Flechte oft generativ fortpflanzen und Fruchtkörper bilden, aber auch damit, daß es Übergänge gibt, bei denen die Pilze fakultativ mit Algen vergesellschaftet sein können. Die Denkmöglichkeit, daß ein und derselbe Pilz mit verschiedenen Algen verschiedene Flechten bilden könnte (was übrigens tatsächlich vorkommt), wird außer acht gelassen. Auch wird nicht berücksichtigt, daß sich in der Evolution sehr wohl Flechten als solche weiterentwickelt haben können, d. h. aber, daß sich neue Flechtenarten aus Flechten entwickelt haben können und nicht nur durch weitere Lichenisierung anderer Pilze!

Die Tatsache, daß Pilze verschiedener Verwandtschaftsgruppen in Symbiose mit Algen leben, ist ein bemerkenswertes Beispiel für Konvergenz in der Evolution. Die Verbreitungseinheiten, durch die eine gleichzeitige Verbreitung beider Symbiosepartner gewährleistet wird, ist ebenfalls eine mehrfach konvergent entstandene Anpassung an die besondere Form des Zusammenlebens. Das gleiche gilt für die Ähnlichkeit der Gestalt: Krustige, blättrige und strauchige Lager sind ebenso mehrfach entwickelt worden wie der anatomische Bau des Thallus mit seinen Organen.

Bei der Klassifizierung der Flechten steht man also vor einem unlösbaren Dilemma: Teilt man – wie früher – in Krusten-, Blattflechten usw. ein, so faßt man konvergent entstandene Formen zusammen, teilt man nach dem Pilz ein, so klassifiziert man Pilze, aber nicht Flechten. Bei dieser «modernen» Auffassung spielen der Verlauf der Fruchtkörperentwicklung, der anatomische Bau der Fruchtkörperhilfsgewebe, die Struktur der Asci sowie Form und Farbe der Sporen eine übergeordnete Rolle für die Klassifizierung. Diese Merkmale kann man natürlich auf einer Exkursion nicht demonstrieren, d. h. aber, man kann das resultierende System nicht begründen. Wir verzichten daher gänzlich auf ein System, man kann ja unabhängig davon einige Flechtenarten an ihren äußeren Merkmalen ansprechen.

9. Flechtenchemie

Flechten sind chemisch sehr gut untersucht, da sie in relativ großer Menge stabile sekundäre Stoffwechselprodukte bilden. Einige dieser «Flechtenstoffe» sind Farbstoffe, z. B. das Anthrachinonderivat Parietin der gelben *Xanthoria parietina*. Zahlreiche Flechtenstoffe lassen sich durch Färbereaktionen mit Chemikalien nachweisen – ein wichtiges Hilfsmittel bei der Bestimmung der Flechten. Bemerkenswert ist, daß diese Flechtenstoffe offenbar von beiden Symbionten gemeinsam gebildet werden («physiologische Einheit» des Doppelorganismus).

Übersicht: Flechten

Thallus				Substrat	Frucht-körper	Name/Tab.	
strauchig oder bärtig	Thalluszweige im Querschnitt rund			Boden, Borke, Baumstümpfe	vorhanden oder fehlend	Strauch- bzw. Bartflechten	Tab.1 S.110
	Thalluszweige flach-bandförmig						Tab.2 S.111
± blatt- oder laubartig	breitflächig, "salatartig"			Boden, Borke, Gestein		Blatt- oder Laubflechten	Tab.3 S.112
	nicht sehr breit-flächig-salatartig	lappig oder kreiselförmig		Borke	meist fehlend		Tab.4 S.113f.
					fast immer vorhanden		Tab.5 S.115
				Gestein	vorhanden oder fehlend		Tab.6 S.115
krustig, z. T. staubartig				Borke, Holz, Stümpfe		Krustenflechten	Tab.7 S.116f.
				Gestein Mauern			Tab.8 S.118f.
feucht quellend, gallertig, ungeschichtet, unberindet, schwarz bis graublau				Boden, Gestein, zwischen Moosen		"Gallertflechte": Leimflechte (Collema)	
in Kalkgestein verborgen, nur winzige Löcher sichtbar ("endolithische" Flechte)				Kalkgestein	nicht sichtbar	Warzenflechte (Verrucaria spp.)	

Tab. 1: Strauchflechten mit runden Thalluszweigen

Merkmale	Name
meist hängende Bärte — Mark zerreisst beim Ziehen mit der Rinde; meist montan	Fadenflechte (Alectoria spp.)
beim Ziehen trennen sich Rinde und Mark, die Rinde bricht in ringförmige Stücke	Bartflechte (Usnea spp.)
aufrecht bzw. abstehend, nicht hängend-bartförmig / *stark verzweigt* — nie becherbildend; Stiele sterben unten ab und wachsen oben weiter, daher dem Boden frei aufsitzend, meist in dichtem Rasen; C. alpestris für Friedhofskränze, aus Skandinavien eingeführt (falscher Name "Isländisch Moos")	*Becherflechte (Cladonia)* — Rentierflechten (C. rangiferina-Gruppe)
wenig verzweigt	C. furcata-Gruppe
mit roten Fruchtkörpern; Thallus blass	Scharlach-Becherflechten (C. coccifera-Gruppe)
becherförmig	C. pyxidata-Gruppe
mit "Blättchen" im oberen Teil des Thallus	Strunkflechte (Stereocaulon spp.)
wenig verzweigt, dunkel gefärbt, klein	Hornflechte (Cornicularia spp.)

Tab. 2: Strauchflechten mit flach-handförmigen Thalluszweigen

Thallus			Frucht-körper	Sub-strat	Sonstiges/Habitus	Name
Ober- und Unterseite deutlich verschieden (bes. in der Farbe)	beiderseits gleich	oberseits hellgrün	unterseits hellgrün	selten	Borke	z. T. sehr schmal, etwas glänzend, oft mit Soralen, v. a. an den Kanten der Riemenäste	Mehlige Astflechte (Ramalina farinacea)
			unterseits weisslich			runzelig; Sorale häufig; Rand nach unten umgebogen; mit Haftscheibe festsitzend	Pflaumen-flechte (Evernia prunastri)
	oberseits grau bis bräunlich oder schwärzlich		unterseits zuerst hell, im Alter schwarz			mit zahlreichen Isidien	Pseud-evernia (Parmelia) furfuracea
	oberseits gelblich-bräunlich oder grünlich-grau		unterseits weisslich	schildförmig, randständig	Boden (Sand-, Heide-, Moor-)	bis ca. 5 cm hoch, nicht oder kaum angeheftet, bis 7 mm breit, flach oder etwas rinnig, am Rand borstig bewimpert	Isländisches Moos (Cetraria islandica)

Tab. 3: Blattflechten mit breitflächigem, «salatartigem» Thallus

Thallus		Frucht-körper			Sonstiges/Habitus	Name	
oberseits ohne Netzleisten	grau bis braun, feucht, schwärzlich, unterseits weisslich, mit scharf begrenzten Adern; lange Rhizinen; ohne Cephalodien	gross, braun, ohne deutlichen Rand, an ± aufrechten Lappen	sattelförmig	Boden	mit Nostoc 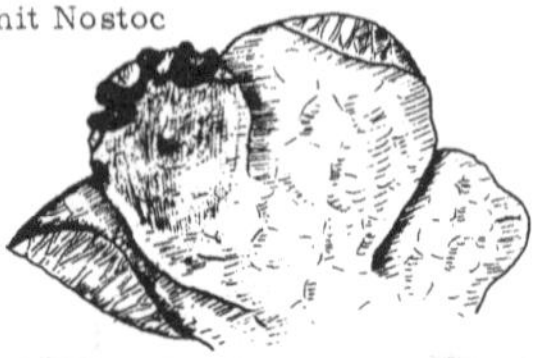	Peltigera (Schildflechte)	z. B. (P. canina)
oberseits ohne Netzleisten	feucht grün; unterseits weissfilzig, mit Netzadern; lange Rhizinen; oberseits z. T. mit braunen oder schwarzen Warzen (Cephalodien mit Blaualgen)	gross, braun, ohne deutlichen Rand, an ± aufrechten Lappen	schildförmig	Boden	montan bis alpin; mit Grünalgen (Cephalodien mit Blaualgen) 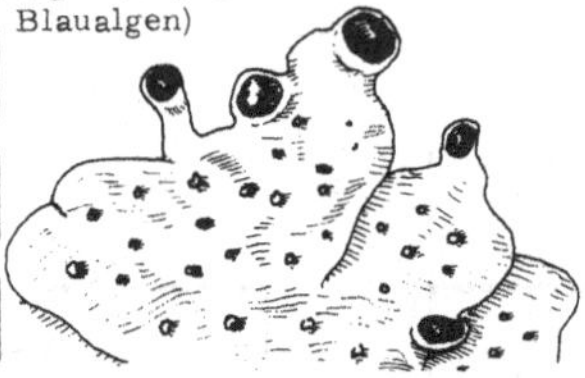	Peltigera (Schildflechte)	P. aphthosa
oberseits ohne Netzleisten	olivgrün, unterseits braunschwarz; Rand zerfranst, mit Soralen	selten ausgebildet		Borke	montan 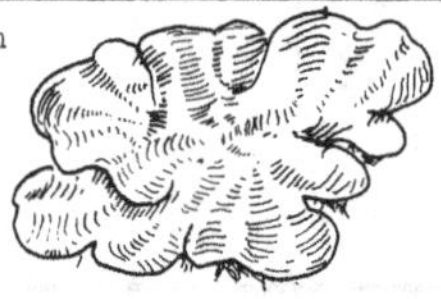	Nierenflechte (Nephroma spp.)	
oberseits ohne Netzleisten	unterseits dicht braunfilzig; ohne Sorale, mit vielen kleinen weissen, runden Grübchen; dunkeloliv bis dunkelbraun	selten ausgebildet		Borke	auch auf Fels; v. a. montan 	Grübchenflechte (Sticta fuliginosa)	
oberseits mit groben Netzleisten, gelbgrün bis olivgrün		selten ausgebildet		Borke	montan; Bergahorn, Buche 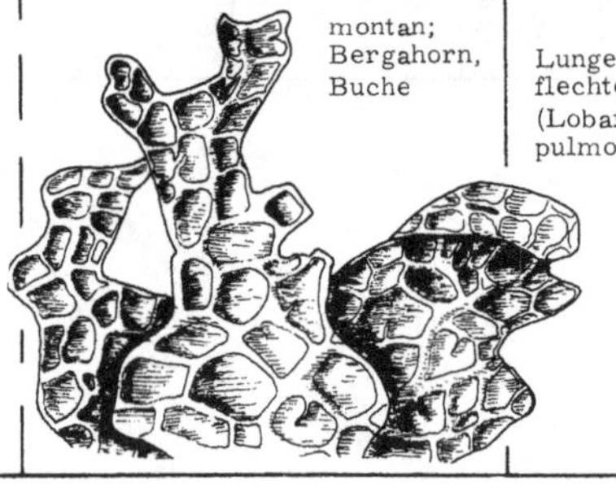	Lungenflechte (Lobaria pulmonaria)	

Tab. 4: Blattflechten auf Borke, nicht «salatartig», auch im Alter meist ohne Fruchtkörper*

Thallus				Sonstiges/Habitus	Name
Form	Rand	Oberfläche	Farbe		
Lappen unregelmässig, nicht schmal-länglich, dem Substrat ziemlich dicht anliegend (vgl. Fortsetzung!)	ohne auffällige Lippensorale (vgl. Fortsetzung!)	mit Strichsoralen / ohne Strichsorale · mit Kopf- oder Punktsoralen · ohne Isidien	grün- bis gelblichgrün	auch auf Silikatgestein	Parmelia[1] subrudecta (= P. dubia)
				ähnlich, aber selten, ist P. flaventior (= P. andraeana)	Parmelia caperata
		mit Strichsoralen		mit auffälligen Netzleisten, dazwischen grubig; schwarze Rhizinen bis zum Rand	Parmelia sulcata
		ohne Strichsorale · ohne Kopf- oder Punktsorale · mit zahlreichen Isidien im Zentrum des Thallus	trocken olivgrün, feucht hellgrün	papierdünn; Isidien verzweigt	Parmelia exasperatula
			weissgrau, im Zentrum schwarzgrau	ältere Teile durch schwärzliche Isidien dunkel und rauh — auch auf Silikatgestein	Parmelia scortea — [1] Parmelia = Schüsselflechte

Fortsetzung der Tabelle auf der nächsten Seite

* jeweils viele ähnliche Arten, Verwechslungen leicht möglich

Thallus Form	Thallus Rand	Thallus Farbe	Sonstiges/Habitus	Name
ziemlich gross, unregelmässig kraus gewellt, vom Substrat abstehend	mit Isidien; wenige unauffällige Sorale	grau bis graugrün	montan, v. a. an Nadelholz	Cetraria glauca
	ohne Isidien; mit auffälligen grossen Soralen		auch im Tiefland	Parmelia cetrarioides
Lappen ziemlich schmal, ± deutlich gefiedert, anliegend oder abstehend	Lappen enden mit weitgeöffneten Lippensoralen		sehr häufig; bis in die Zweigspitzen; auch in Stadtrand-Gebieten; ähnlich, aber mit röhrigen Soralen: P. vittata (viel seltener)	Hypogymnia (Parmelia) physodes
Lappen schmal-länglich, anliegend oder an den Enden abstehend, strahlenförmig angeordnet	lang bewimpert; Sorale auf der Unterseite helmförmiger Aufwölbungen	grau bis blaugrau		Schwielenflechte (Physcia) — P. ascendens
	ohne Wimpern und Sorale		mit vielen Punktsoralen (helle kugelige Flecken)	P. caesia

Tab. 5: Blattflechten meist auf Borke, nicht sehr breitflächig-salatartig; Fruchtkörper praktisch immer vorhanden

Thallus		Frucht- körper	Sonstiges/Habitus	Name
Farbe	Form			
gelb- orange	Ohne Sorale, ohne Isidien · ± unregelmässig gelappt	gelb- orange	nass auch grün; auch auf Zäunen, Pfählen, Mauern; N-liebend	Wandflechte, Gelbflechte (Xanthoria) parietina
dunkel- grün		braun- grün bis dunkel- braun, recht gross	Allee- bäume usw.	Parmelia acetabulum
grau	stern- förmig, kompakt, zierlich	schwärz- lich, klein	ähnlich Parmelia; mikroskopisch: obere Rinde zellig. Sporen 2zellig; N-liebend; ohne Wimpern (vgl. Physcia ascendens!)	Physcia stellaris

Tab. 6: Blattflechten auf Gestein; Thallus nicht sehr breitflächig-salatartig (wenn orange, vgl. Xanthoria parietina, Tab. 2.3)

Thallus		Frucht- körper	Sonstiges/Habitus	Name
flächig angewachsen	mit Netzleisten (ähnlich Parme- lia sulcata), die aber nicht aufreissen; hell graugrün oder bräunlich	oft vorhan- den	oft mit Isidien, ohne Sorale; selten auch auf Borke	Felsen- Schüssel- flechte (Parmelia saxatilis)
	ohne Netzleisten grün oder grau- grün, mit vielen hellen, runden Soralen	selten ausge- bildet	auch auf Borke (vgl. Tab. 2.3. a)	Blaue Schwielen- flechte (Physcia caesia)
zentral mit zähem Hyphenstrang ange- wachsen, ziemlich breitlappig, feucht grün, trocken grau bis braun; viele, bis erbsengrosse Blasen (nach unten offen)		meist vorhan- den	auf Silikat- gestein	Nabel- flechte (Umbilicaria spp.)

Tab. 7: Krustenflechten auf Borke, Holz, Baumstümpfen
a) Thallus sehr flach oder völlig unauffällig, aber nicht «staubig» . . . . **Tab. 7.1**
b) Thallus «staubig» . . . . **Tab. 7.2**

Tab. 7.1

Thallus		Fruchtkörper	Sonstiges/Habitus	Name
nur die schwarzen Fruchtkörper sind zu sehen			nicht lichenisierter Ascomycet! sehr häufig auf Buche	Dichaena faginea (Ascomycet)
+ gut erkennbar	ver-schieden	schwarz · rund · Rand ohne Algen ("Eigenrand")	L. parasema: Thallus oliv-grün, mit schwarzen Linien am Rand und in den Rissen	(Schwarze) Napfflechte (Lecidea spp.)
	weisslich-grau bis grünlich, schwach rissig	strich-förmig, einfach oder verzweigt	auf glatter Borke, z. B. Buche, häufig	Schrift-flechte (Graphis scripta)
	ver-schieden	meist braun; Rand wie Thallus (d. h. mit Algen), rund, auf-sitzend	L. subfusca-Gruppe: hell- bis weissgrau, Fruchtkörper braun, mit dickem, weissem Lagerrand	Kuchen-flechte (Lecanora spp.)

116

Tab. 7.2

Thallus		Frucht-Körper	Sonstiges/Habitus		Name
gleichmässig bestäubt	grünlicher, grauer oder gelblicher Staub	-	Flechten-Vorstadium (imperfekte Flechten), oft grossflächig ausgebreitet		meist Cladonia
	grünlich	blassrosa oder weisslich, sitzend oder kurz gestielt	auf morschem Holz, auch auf Rohhumus und Torf		Heideflechte (Icmadophila ericetorum)
abgegrenzte Sorale	Sorale unberandet, etwas unregelmässig, bis ca. 2 mm breit, dicht aneinandergrenzend	selten ausgebildet	durchlöchert	Geschmack sehr bitter (Name!) häufig auf Esche!	Lochflechte (Pertusaria)	Bittere L. (P. amara)
	Sorale berandet, rund, etwas entfernt voneinander					Scheiben-L. (P. discoidea)

Bem.: Viele Krustenflechten-Gattungen wurden hier nicht berücksichtigt. Die Bestimmung ist meist schwierig (Spezialliteratur, Mikroskop, chem. Reagenzien).

117

Tab. 8: Krustenflechten auf Gestein und Mauern

a) Thallus weißgrau, grau, graubraun oder graublau .... Tab. 8.1

b) Thallus gelb oder orange .... Tab. 8.2

Tab. 8.1

Thallus	Fruchtkörper	Sonstiges/Habitus	Name
körnig-staubig, ohne definierte Form, grau	-	immer mit Moosen	Crocynia membranacea
nicht körnig - staubig: rosettig, angedrückt, kompakt, in der Mitte gefeldert, Rand strahlig gelappt, verschieden gefärbt	mit Thallusrand (Lagerrand), also Rand mit Algen: rund, aufgesetzt: blass gelbrot bis bräunlich, mit weissem Lagerrand	Übergang zu Laubflechte; auch zu Lecanora gerechnet 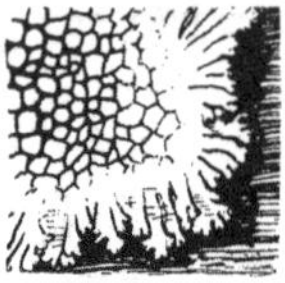	Plattenflechte (Placodium saxicolum)
nicht körnig - staubig: unscheinbar, verschieden gefärbt	mit Thallusrand (Lagerrand), also Rand mit Algen: rund, aufgesetzt: braun, mit dickem, weissem Lagerrand	L. subfusca-Gruppe: hell- bis weissgrau 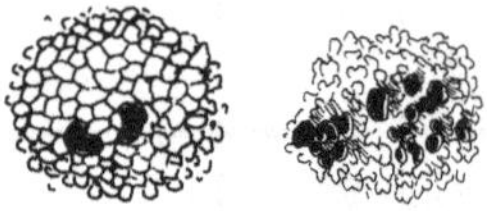	Kuchenflechte (Lecanora)
nicht körnig - staubig: braun bis schwärzlich, krustig-felderig	mit Thallusrand (Lagerrand), also Rand mit Algen: dunkel, ± eingesenkt	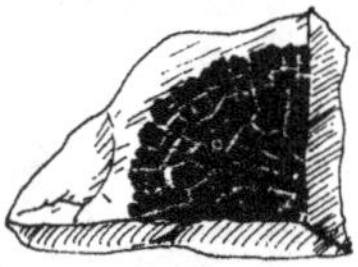	Kleinsporflechte (Acarospora fuscata)
nicht körnig - staubig: grau, rissig gefeldert	mit Thallusrand (Lagerrand), also Rand mit Algen: schwärzlich, versenkt, eckig	auch zu Lecanora gerechnet 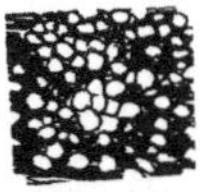	Hohlschildflechte (Aspicilia cinerea)
nicht körnig - staubig: grau, würfelig-felderig, spröde	mit Thallusrand (Lagerrand), also Rand mit Algen: krugförmig in den Thallus eingesenkt, FK selbst also nicht zu sehen	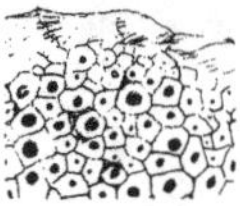	Krugflechte (Diploschistes scruposus)
nicht körnig - staubig: unscheinbar, verschieden gefärbt	schwarz, rund, mit Eigenrand, also Rand ohne Algen und daher nie hell gefärbt	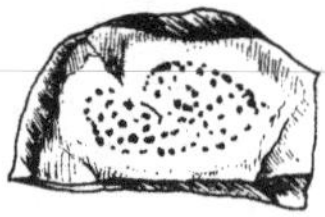	(Schwarze) Napfflechte (Lecidea)

Tab. 8.2

Thallus		Frucht-körper	Sonstiges/Habitus			Name
orange	krustig bis strahlig gelappt, relativ gross	orange	fast wie Laub-flechte (auf-geworfener Thallus)		Schönflechte (Caloplaca)	C. spp.
	kleinschup-pig, kom-pakt; zier-liche, strahlige Rosetten		N-liebend			C. murorum
gelb	körnig (viele winzige Punkte)	gelb	N-liebend (Mauern von Dunggruben usw.)			Kleine Leuchter-flechte (Candela-riella vitellina)
	gefeldert	schwarz	Urgestein; Apothecien-rand ohne Algen; Sammelart			Landkarten-flechte (Rhizocarpon geographicum)

Arbeitsaufgaben

1. Gruppieren Sie die Flechtenarten auf der Borke einer Eiche (eines Apfel-baums, Ahorns, einer Buche usw.) nach den vorkommenden Wuchsformen. Welche Wuchsformen kommen vor, sind sie gleichmäßig verteilt oder be-vorzugen bestimmte Wuchsformen bestimmte Expositionen oder be-stimmte Höhenzonen am Stamm? Fertigen Sie Skizzen der verschiedenen Wuchsformen an.

2. Bestimmen Sie für einige ausgewählte Arten (z. B. *Evernia prunastri, Hypo-gymnia physodes, Parmelia caperata, Parmelia sulcata, Xanthoria parietina*) die Häufigkeit auf Obstbäumen (oder Alleebäumen) in einer Stadt und in der näheren und weiteren Umgebung. Arbeitsanleitung s. Aufgabe Nr. 4 bei Moosen!

3. Stellen Sie zusammen, wieviel Blattflechten-Arten auf Borke und Gestein Isidien, Soredien, Apothecien ausgebildet haben. Kommen verschiedene Fortpflanzungsformen bei einer Art vor? (Diese Arten müssen nicht be-stimmt werden).

119

4. Sammeln Sie möglichst viele verschiedene *Cladonia*-Arten, von Arten mit «Bechern» bis zu solchen mit stiftförmigen, wenig verzweigten und schließlich reichverästelten Podetien. Zeichnen Sie einige charakteristische Formen und versuchen Sie, die gesammelten Arten in eine Entwicklungsreihe zu bringen.
5. Prüfen Sie die Farbreaktion einiger häufiger Flechtenarten mit ca. 10%iger Kalilauge (evtl. auch Chlorkalklösung sowie einer alkoholischen Lösung von Paraphenyldiamin – jeweils konzentrierte Lösungen; diese beiden Lösungen müssen stets neu zubereitet werden). Vorsicht, die Stoffe sind ätzend bzw. giftig!

Literatur

BERTSCH, K.: Flechtenflora von Südwestdeutschland. Ulmer, Stuttgart 1964 (2. Aufl.).

DOBSON, F. S.: Lichens – an illustrated guide. Richmond, London 1979.

DOLL, R.: Flechten. Eine Einführung. Neue Brehm Bücherei Nr. 40. 1982.

FOLLMANN, G.: Flechten (Lichenes). Kosmos-Sammlung «Einführung in die Kleinlebewelt». Franckh, Stuttgart 1968 (2. Aufl.).

FREY, E.: Flechten, unbekannte Pflanzenwelt. Hallwag-Taschenbücher Bd. 89, Bern 1969.

GAMS, H.: Flechten. In «Kleine Kryptogamenflora» Bd. III. G. Fischer, Stuttgart 1967.

JAHNS, H. M.: Farne, Moose, Flechten Mittel-, Nord- u. Westeuropas. BLV, München/Wien/Zürich 1980.

HENSSEN, A. und JAHNS, H. M.: Lichenes. Eine Einführung in die Flechtenkunde. Thieme, Stuttgart 1974.

KRAMM, E.: Die Flechten. Die Neue Brehm-Bücherei Bd. 40. Akademische Verlagsgesellschaft, Leipzig 1951.

LEHMANN, R.: Kleine Flechtenkunde. Praxis-Schriftenreihe Abt. Biologie Bd. 19. Aulis, Köln 1972.

LINDAU, G.: Die Flechten. In: «Kryptogamenflora für Anfänger» Bd. III, hersg. von G. LINDAU. Springer, Berlin 1923 (2. Aufl.). Nachdruck: Koeltz, Königstein 1971.

PHILIPS, R.: Das Kosmos-Buch der Gräser, Farne, Moose, Flechten. Franckh, Stuttgart 1981.

POELT, J.: Bestimmungsschlüssel europäischer Flechten. Cramer, Lehre 1969, Nachdruck 1974.

POELT, J. und VEZDA, A.: Bestimmungsschlüssel europäischer Flechten. Ergänzungsheft I. Cramer, Vaduz 1977.

POELT, J. und VEZDA, A.: Bestimmungsschlüssel europäischer Flechten. Ergänzungsheft II. Cramer, Vaduz 1981.

VI. Pilze

1. Einleitung

Pilze haben kein Chlorophyll und sind daher heterotroph, d. h. auf organische Nährstoffe angewiesen, die von den «Primärproduzenten», den grünen Pflanzen, geschaffen werden. Als *Saprophyten* leben sie von toten organischen Stoffen und sorgen (zusammen mit den Bakterien) für die Remineralisierung und damit für den notwendigen Stoffkreislauf in der Biosphäre. Gleichzeitig können sie jedoch als *Vernichter* von Vorräten und Rohstoffen große wirtschaftliche Schäden anrichten. Als *Parasiten* verursachen Pilze alljährlich große Schäden an Kulturpflanzen und machen eine intensive Bekämpfung erforderlich. Auf Tieren und dem Menschen treten einige Pilze als *Krankheitserreger* auf und rufen «Mykosen», besonders Hautkrankheiten, hervor. Schließlich haben Pilze als *Symbionten* eine nicht zu unterschätzende Bedeutung: als Mykorrhizapilze in Symbiose mit den Wurzeln vieler höherer Pflanzen und als Flechtenpartner.

Die Zahl der Pilzarten ist vielleicht so groß wie die der Samenpflanzen, also ca. 250000, allerdings sind bisher noch keine 100000 Arten beschrieben – der Artenreichtum der Tropen ist weitgehend unerforscht. In unserer heimischen Flora gibt es aber tatsächlich allein an Höheren Pilzen soviel Arten wie Samenpflanzen: ca. 3000.

Die Abstammung der Pilze und die Verwandtschaft der Pilzgruppen untereinander ist auch heute noch weitgehend ungeklärt. Weil die Pilze möglicherweise auf farblose Einzeller («Protozoen») zurückzuführen sind, wird von manchen Autoren angeregt, sie als eigenes «Reich» neben die «Pflanzen» und «Tiere» zu stellen. Da aber auch Pflanzen und Tiere gemeinsame Vorfahren haben, ist dieser Streit müßig – es ist eine rein praktische Frage, ob sich Botaniker oder Zoologen mit Pilzen beschäftigen.

Alljährlich sterben Menschen an *Pilzvergiftungen*. Die Kenntnis der Großpilze («Makromyceten»), wie die Pilze mit großen Fruchtkörpern auch genannt werden, sollte deshalb möglichst weit verbreitet werden. Insbesondere Biologielehrer müßten als Ratgeber für Sammler auftreten können. Die praktische Ausbildung im richtigen Sammeln, Bestimmen und Erkennen von Pilzen sollte deshalb Bestandteil der Ausbildung von Biologielehrern sein.

2. Die Bedeutung der Pilze im Ökosystem

2.1 Pilze als «Zersetzer» (Saprophyten)

Wie schon erwähnt, ist die wichtigste Rolle der Pilze im Stoffkreislauf die der «Zersetzer». Am Beispiel «Wald» soll dies näher besprochen werden:

Eine große Zahl Höherer Pilze hat sich auf die alljährlich anfallende Laub- und Nadelstreu spezialisiert, insbesondere Arten der Gattungen Schwindling (*Marasmius*), Helmling (*Mycena*) und Rübling (*Collybia*). Totes Holz (abgefallene Äste, umgestürzte Stämme und Baumstümpfe) ist das Substrat für viele andere Pilze. Es ist leicht einzusehen, daß das Pilzmycel zum Abbau dieses festen dreidimensionalen Substrates viel besser befähigt ist als Einzeller, etwa Bakterien. Die Fähigkeit, Holz abzubauen, setzt spezielle Enzymsysteme voraus, die von den Pilzen ausgeschieden werden. Dabei greifen einige Pilze nur die Zellulose-Komponente des Holzkörpers an und lassen im wesentlichen das bröckelige Lignin übrig, das von seinen Oxidationsprodukten rotbraun gefärbt ist. Wir bezeichnen diese Art der Holzzersetzung als *«Rot- oder Braunfäule»*, hervorgerufen z. B. von folgenden Arten: Gelber Holzschwamm (*Coniophora*), Hausschwamm (*Serpula lacrymans*), Fichtenporling (*Fomitopsis pinicola*), Birkenporling (*Piptoporus betulinus*), Fenchelporling (*Osmoporus odoratus*) und Schwefelporling (*Laetiporus sulphureus*). Andere Arten zerstören dagegen vor allem das Lignin und lassen die faserige, weißliche Zellulose zurück. Wir bezeichnen dies als *«Weißfäule»*, hervorgerufen z. B. von folgenden Arten: Feuerschwamm (*Phellinus igniarius*), Zunderschwamm (*Fomes fomentarius*), Schmetterlingsporling (*Coriolus versicolor*), Striegeliger Porling (*Coriolus hirsutus*), Buckeltramete (*Trametes gibbosa*), Flacher Lackporling (*Ganoderma applanatum*) und Wurzeltöter (*Heterobasidion annosum*). An sehr feuchtem Holz kann schließlich die *«Moderfäule»* auftreten, die von bestimmten Ascomyceten verursacht wird.

Manche holzzerstörende Pilze befallen auch lebende Bäume, wobei sie über eine Wundstelle oder einen abgestorbenen Ast eindringen (*Übergang zu Parasitismus!*). In dieser Weise zeichnen sich aus: Wurzeltöter (*Heteroabasidion annosum*), Fichtenporling (*Fomitopsis pinicola*), Feuerschwamm (*Phellinus igniarius*), Leberreischling (*Fistulina hepatica*) und Hallimasch (*Armillariella mellea*).

An verbautem Holz kann der Hausschwamm (*Serpula lacrymans*) große Schäden anrichten, da er Einrichtungen zur Wasserleitung besitzt und so von einer feuchten Stelle aus auch auf trockenes Holz übergehen kann.

Während einige Pilzarten eng an bestimmte Holzarten gebunden sind, ist das Nahrungsspektrum anderer Arten viel breiter. Im folgenden sind einige *Beispiele enger Bindung* aufgezählt, geordnet nach dem Substrat:

Apfelbaum (bzw. Obstbäume): Zottiger Rostporling (*Inonotus hispidus*).

Birke: Birkenporling (*Piptoporus betulinus*).

Buche: Buchen-Rostporling (*Inonotus nodulosus*), Beringter Schleimrübling (*Oudemansiella mucida*).

Eiche: Schmutzbecherling (*Bulgaria inquinans*), Leber-Reischling (*Fistulina hepatica*), Eichen-Wirrling (*Daedalea quercina*), Eichen-Zwergknäueling (*Panellus stypticus*).

Erle: Erlen-Rostporling (*Inonotus radiatus*).

Holunder: Judasohr (*Auricularia auricula-judae*).

Pappel: Pappel-Porling (*Oxyporus populinus*).

Weide: Anis-Tramete (*Trametes suaveolens*).

Fichte: Nadelholzporling, Tannentramete (*Hirschioporus abietinus*).

Fichtenzapfen: Nagelschwamm (*Pseudohiatula tenacella*).

Kiefer: Fenchelporling (*Osmoporus odoratus*), Kiefern-Feuerschwamm (*Phellinus pini*), Kieferntramete (*Hirschioporus fusco-violaceus*).

Kiefernzapfen: Ohrlöffelstacheling (*Auriscalpium vulgare*), Mäuseschwanz (*Baeospora conigena*).

Oft kann man auf totem Holz, besonders an Baumstümpfen, eine regelrechte *Sukzession* von Pilzen verfolgen. Wird z. B. eine Buche gefällt, so besiedeln zunächst kleine Arten, v. a. Ascomyceten der Gattungen *Ceratocystis* und *Cladosporium* (Bildung schwarzer Sektoren und Streifen auf der Schnittfläche) sowie *Bispora antennata* den Stumpf und «verzehren» den Inhalt der Holzparenchymzellen. Bald folgen *Corticium evolvens*, *Calycella*-Arten und *Coryne sarcoides*, dann fassen weitere Basidiomyceten Fuß: die Gallertträne (*Dacrymyces delinquescens*), einige Arten der Zitterpilze und vor allem der Violette Schichtpilz (*Chondrostereum purpureum*). Später können Schwefelköpfe (*Hypholoma* spp.), Stockschwämmchen (*Kuehneromyces mutabilis*) und Faserlinge (*Psathyrella* spp.) folgen. Weitere häufigere Arten sind Dachpilz (*Pluteus*), Angebrannter Porling (*Bjerkandera adusta*), Buckeltramete (*Trametes gibbosa*), Striegeliger Porling (*Coriolus hirsutus*); während der letzten Zerfallsstadien des Stumpfes fehlt selten der Birnen-Stäubling (*Lycoperdon pyriforme*).

Ähnlich charakteristische Sukzessionen und Gesellschaften lassen sich auch bei anderen Holzarten feststellen. Andere Standorte mit einer speziellen Pilzflora sind z. B. Viehweiden mit Feld-Egerling (*Agaricus campestris*), Schwärzender Bovist (*Bovista nigrescens*), Hasenbovist (*Calvatia caelata*), Düngerlingen (*Panaeolus* spp.), Schirmlingen (*Lepiota* spp.), Krönchen-Träuschling (*Stropharia coronilla*), Nelken-Schwindling (*Marasmius oreades*) u. a. Auf Ruderalstellen sind Saumpilz (*Psathyrella lacrymabunda*) und Tintlinge (*Coprinus* spp.) sowie einige Schüpplinge (*Pholiota* spp.) häufig. Auch die roten Apothecien des Zinnober-Becherlings (*Aleuria aurantiaca*) findet man dort öfter.

2.2 Pilze als Pflanzenparasiten

Parasitismus tritt nicht gleichmäßig in allen Pilzgruppen auf. Es gibt Sippen, die geradezu als Parasiten (v. a. auf Höheren Pflanzen) charakterisiert sind. Von Niederen Pilzen sind dies die «*Falschen Mehltaupilze*» (Peronosporaceen) der Oomyceten; von Höheren Pilzen sind in erster Linie die *Echten Mehltaupilze* (Erysiphales) sowie die *Brand-* und *Rostpilze* (Ustilaginales und Uredinales) zu nennen, aber auch die Taphrinales, Pseudosphaeriales und Exobasidiales.

Falsche Mehltaupilze zeigen sich auf den Blattunterseiten ihrer Wirtspflanzen als Flaum, bei dem es sich um die meist unseptierten, verzweigten Sporangienträger handelt; Fruchtkörper werden nicht gebildet. Zu erwähnen sind hier z. B. der Kartoffelschädling *Phytophthora infestans* und der Falsche Mehltau der Weinrebe, *Plasmopara viticola*.

Echte Mehltaupilze überziehen auch die Blattoberseiten ihrer Wirtspflanzen und bilden im Spätsommer winzige dunkle Fruchtkörperchen, Kleistothecien (s. Abschnitt 3.2). Sehr häufig ist z. B. der Echte Mehltau der Eiche zu finden.

Brand- und *Rostpilze* bilden keine Fruchtkörper. Ihr Entwicklungsgang ist sehr kompliziert und soll hier nicht näher besprochen werden. Die *Rostpilze* sind durch eine ganze Reihe verschiedenartiger Sporen charakterisiert, die in ungeheuren Mengen gebildet werden können. Am bekanntesten sind Getreide- oder Schwarzrost (*Puccinia graminis*), der alle Getreidearten und viele Wildgräser befällt, Gelbrost (*Puccinia glumarum*) und ein Rostpilz, der die Zypressen-Wolfsmilch völlig verändert (*Uromyces pisi*). Oft haben die Rostpilze einen Wirtswechsel, der aber nicht absolut festgelegt ist, was die Bekämpfung sehr erschwert. Die *Brandpilze* sind durch ihre dunklen Brandsporen charakterisiert. Auch von ihnen wird insbesondere Getreide befallen (von verschiedenen *Ustilago*-Arten).

Parasitische Pilze haben oft eine hohe Wirtsspezifität.

2.3 Pilze als Symbionten

Symbiontisch treten Pilze, besonders Ascomyceten, in *Flechten* auf. Da diesen ein eigenes Kapitel gewidmet ist, soll hier nur über eine weitere Möglichkeit der Pilzsymbiosen gesprochen werden, die *Mykorrhiza*. Lange bekannt ist diese bei Waldbäumen, in neuerer Zeit werden aber immer mehr krautige Pflanzen bekannt, deren Wurzeln in engem Kontakt mit Pilzmycelien leben.

Bei Waldbäumen kennt man einige Pilze, die regelmäßig als Partner auftreten: Bei der Birke z. B. Birkenpilz (*Leccinum scaber*), Rotkappe (*Leccinum testaceo-scabrum*), Steinpilz (*Boletus edulis*); bei der Lärche z. B. Butterpilz

(*Suillus luteus*), Sand-Röhrling (*Suillus variegatus*), Goldröhrling (*Suillus grevillei*), Lärchen-Ritterling (*Tricholoma psammopus*); bei der Fichte z. B. der Echte Reizker (*Lactarius deliciosus*); bei der Kiefer z. B. Maronenröhrling (*Xerocomus badius*), Kuh-Röhrling (*Suillus bovinus*), Schmerling (*Suillus granulatus*), Butterpilz (*Suillus luteus*), Sand-Röhrling (*Suillus variegatus*), Echter Reizker (*Lactarius deliciosus*). Auch hier sind wieder manche Pilze eng an eine bestimmte Baumart gebunden, andere nicht.

Die Pilze umspinnen die vorderen Abschnitte der Baumwurzeln mit ihrem Mycel und dringen bis in die äußeren Schichten der Wurzelrinde ein. Sie liefern dem Baum insbesondere Wasser und Aminosäuren und bekommen dafür Kohlenhydrate.

Auf die vielfältigen Symbiosen von Pilzen mit Tieren, besonders mit Nahrungsspezialisten unter den Insekten (z. B. holzfressenden Arten), kann hier nur hingewiesen werden.

3. Morphologie und Systematik der Höheren Pilze

3.1 Übersicht

Den in mehrere Klassen aufgespaltenen «Niederen Pilzen», die möglicherweise gar nicht näher miteinander verwandt sind, stellt man die «Höheren Pilze» gegenüber.

Die *niederen Pilze* seien hier nur ganz kurz erwähnt:
a) Die *Schleimpilze (Myxomyceten)*, deren Plasmodien (nackte, amoeboid kriechende, vielkernige Plasmamassen) und kleine «Fruchtkörperchen» (Sporangien) auf Baumstümpfen, Ästen, Laub usw. zu finden sind. Sie werden heute als eigenständige Organismengruppe betrachtet, die mit den Pilzen nicht näher verwandt ist.
b) Die *Oomycetes* mit den «Falschen Mehltaupilzen» (Peronosporaceen), gefährlichen und häufigen Pflanzenparasiten (vgl. Abschnitt 2.2) und
c) die *Zygomycetes,* von denen der Köpfchenschimmel (Mucoraceae) auf Brot, feuchtem Kot usw. auftritt. Findet man tote Fliegen, die von einem weißen Hof umgeben sind, so sind diese von einem Vertreter der Entomophthoraceen, *Empusa muscae,* befallen.

Höhere Pilze:
Die Zellfäden der Pilze nennt man «Hyphen», die in ihrer Gesamtheit das «Mycel» bilden. Während die Mycelien der Niederen Pilze querwandlose (unseptierte), vielkernige «Syncytien» darstellen («Algenpilze», «Phycomyceten»), sind die Hyphen der Höheren Pilze septiert. Sie können sich zu Scheingeweben (Pseudoparenchymen) zusammenlagern, etwa bei der Fruchtkörperbildung, oder meterlange «Rhizomorphen» bilden, derbe Mycelstränge mit Leitfunktion (z. B. Hallimasch).

Was der Sammler im Wald als Pilz bezeichnet – und dies sei uns der Einfachheit halber ebenso gestattet – ist meist nur der *Fruchtkörper*. Die sporenbildende Schicht des Fruchtkörpers ist die «Fruchtschicht» (*Hymenium*), die sterilen Teile nennt man Fleisch (Trama).

Die Höheren Pilze besitzen eine Reihe gemeinsamer Merkmale (z. B. Chitin als Zellwandsubstanz!), so daß man an ihrer Verwandtschaft nicht zweifelt. Die beiden Klassen, Ascomycetes und Basidiomycetes, erhielten ihren Namen nach der besonderen Gestalt ihrer Meiosporangien (Sporangien, die eine ge-

Bau und Lebenszyklus eines Schlauchpilzes (Ascomycetes)

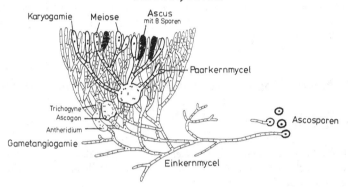

Bau und Lebenszyklus eines Ständerpilzes (Basidiomycetes)

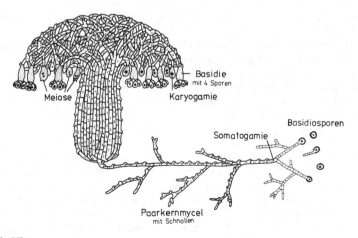

Abb. VI.1

126

wisse Zeit nach der Befruchtung Sporen bilden, wobei die Meiose abläuft). Bei den Ascomyceten (Schlauchpilzen) sind diese als «Schläuche» (*Asci*) ausgebildet, in denen die Meiosporen (meist 8) als Endosporen entstehen, während sie bei den Basidiomyceten (Ständerpilzen) als «Ständer» (*Basidien*) 4 Sporen nach außen abgliedern (vgl. Abb. VI.1). Asci bzw. Basidien liegen im Hymenium der Fruchtkörper. Unabhängig von den Meiosporen, die ja auf geschlechtliche Weise entstehen, können auch ungeschlechtliche Sporen (Mitosporen) in Form von Exosporen (Konidien) gebildet werden, was bei Ascomyceten viel häufiger erfolgt als bei Basidiomyceten.

3.2 Ascomycetes

Die Fruchtkörper der Ascomyceten sind meist recht klein. Nur einige Apothecien (s. unten) sind groß genug, daß man daran die Pilze mit bloßem Auge ansprechen kann. Man unterscheidet (vgl. Abb. VI.2):

Fruchtkörpertypen bei Ascomyceten

ascoloculärer Typ

Pseudothecium

ascohymenialer Typ

Apothecium

Perithecium

Kleistothecium

Abb. VI.2

a) *Kleistothecium:* Geschlossener, meist ± kugeliger Fruchtkörper, in dessen Innerem die Asci liegen und erst nach dem Zerfall des Fruchtkörpers frei werden. Beispiel: Echte Mehltaupilze (Erysiphales).

b) *Perithecium:* Flaschenförmiger Fruchtkörper mit engem Porus an der Spitze. Beispiele s. unter «Sammelfruchtkörper» (unten).

c) *Apothecium:* Becher- oder scheibenförmiger Fruchtkörper, bei dem das Hymenium auf der Oberseite liegt. Beispiel: Becherlinge (Pezizales). In abgewandelter Form – sozusagen umgestülpt – ergibt sich die Form der Morcheln und Lorcheln. Durch zahlreiche Einstülpungen schließlich läßt sich der unterirdische Fruchtkörpertyp der Trüffeln (Tuberales) ableiten (s. Abb. VI.3).

Ableitung
verschiedener Fruchtkörpertypen
der Becherlings- und Trüffelartigen

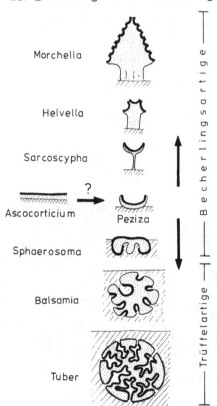

d) *Pseudothecium:* Während sich die Fruchtkörpertypen a–c erst nach der Befruchtung bilden, entwickelt sich das ± kugelige, später mit Porus versehene Pseudothecium schon vorher. Die Asci wachsen hier in sekundär entstehende Hohlräume hinein. Beispiel: Apfelschorf (*Venturia*, Konidienform *Fusicladium*).

Sammelfruchtkörper: Ähnlich, wie manche Samenpflanzen Blüten zu dichten Blütenständen vereinigen können, die wie Einzelblüten wirken, so bilden manche Ascomyceten «Sammelfruchtkörper», die wie einzelne Fruchtkörper wirken. Hier sind einige häufige Pilze auf morschem Holz zu nennen: Kohlenbeere (*Hypoxylon fragiforme*), Pustelpilz (*Nectria*), Kohliger Kugelpilz (*Daldinia concentrica*) sowie Geweihförmige und Vielgestaltige Holzkeule (*Xylaria hypoxylon* und *X. polymorpha*). Ihre zahlreichen winzigen Perithecien sind in ein steriles Scheingewebe («Stroma») eingebettet.

Das System der Ascomyceten: Für die Großeinteilung der Ascomyceten hat man früher in erster Linie Merkmale der Fruchtkörper herangezogen, in modernen Systemen gibt man dem Bau der Asci den Vorrang (schwierige mikroskopische Merkmale). Man unterscheidet folgende Ascus-Typen: a) Prototunicater Ascus mit dünner Wand, die bei der Sporenreife verschleimt; b) unitunicater Ascus mit einfacher Wand und apikalem Deckel oder Porus; c) bitunicater Ascus mit zweischichtiger Wand, die beim Ausschleudern der Sporen aufreißt. Die beiden letzten Typen faßt man als «eutunicat» zusammen.

Zu den *Prototunicatae* werden insbesondere die Hefen (Saccharomycetales) und die Eurotiales mit den weit verbreiteten Schimmelpilzen Pinsel- und Gießkannenschimmel (*Penicillium* und *Aspergillus*) gestellt, die Hefen werden z. T. aber auch als eigene Unterklasse abgegliedert. Zu den *Unitunicatae* gehören die Echten Mehltaupilze (Erysiphales), die Becherlinge (Pezizales) einschließlich Morchel und Lorchel, ferner die Trüffelpilze (Tuberales), Helotiales, Lecanorales (großer Teil der Flechtenpilze) und die Holzkeulenpilze (Xylariales). Von den *Bitunicatae* schließlich sind die Pseudosphaeriales wichtig, zu denen z. B. der Apfelschorf gehört.

3.3 Basidiomycetes

Bei den Basidiomyceten kommen ebenfalls recht verschiedene Fruchtkörpertypen vor (vgl. Abb. VI.4), am bekanntesten ist der in Hut und Stiel gegliederte Fruchtkörper der *Agaricales* (Blätterpilze), der auf der Hutunterseite Lamellen oder Röhren mit der Fruchtschicht trägt. Bei der vielgestaltigen Ordnung der *Aphyllophorales* («Nichtblätterpilze») können die Fruchtkörper flache Überzüge («resupinate Fruchtkörper») oder Konsolen bilden, jeweils auf Holz; sie können aber auch keulenförmig, korallenartig oder in Hut und Stiel gegliedert sein, haben aber nie ganz weiche Lamellen oder Röhren, und der Stiel – wenn vorhanden – steht meist ± seitlich (exzentrisch). Die *Gastrales* (Bauchpilze) entwickeln ihre Sporenmasse im Innern des ± kugeligen Fruchtkörpers; die fertilen Teile, Sporenmasse und Basidien, werden hier «Gleba» genannt, die geschichtete Hülle «Peridie». Bei den *Phallales*, den «Blumenpilzen», öffnet sich die Peridie früh, und in kurzer Zeit wächst ein oft bizarr geformter Innenkörper aus, der die meist übelriechende Sporenmasse trägt (Stinkmorchel u. a.). Eine weitere Gruppe besitzt gallertig-gelatinöse, oft recht vergängliche Fruchtkörper, die vor allem auf totem Holz zu finden sind. Dies sind die *Tremellales* (Zitterpilze), *Dacrymycetales* (Tränenpilze) und *Auriculariales* (Ohrlappenpilze). Die parasitischen Rost- und Brandpilze (*Uredinales* und *Ustilaginales*) bilden überhaupt keine Fruchtkörper, sondern nur Sporangienlager aus.

Das System der Basidiomyceten: Die früheren Systeme basierten weitgehend auf makroskopischen Merkmalen der Fruchtkörper sowie der Sporenfarbe. Demgegenüber spielen bei der modernen Systematik mikroskopische Merkmale (Entwicklung und Form der Basidien und anderer Hymenialelemente, Anordnung und Form der Hyphen in der Trama usw.) eine wichtige Rolle, zu denen biochemische und physiologische Merkmale hinzutreten.

Um sich einen Überblick über die Formenvielfalt zu verschaffen, erscheint es uns sinnvoll, nach einer «konservativen Einteilung» vorzugehen, zumal es zur Zeit kein allgemein akzeptiertes modernes System gibt.

Die Hauptgliederung in zwei Unterklassen erfolgt nach der Ausbildung der Basidien (also mikroskopischen Merkmalen): Bei den Holobasidiomycetidae sind die Basidien nicht unterteilt; bei den Phragmobasidiomycetidae sind die Basidien entweder quer oder längs unterteilt in 4 Einzelzellen, von denen jede eine Spore abschnürt. Einen Spezialfall stellen die Gabelbasidien der Dacrymycetales dar.

Die *Holobasidiomycetidae* kann man in folgende Ordnungen teilen: Exobasidiales, Aphyllophorales, Agaricales, Gastrales und Phallales (die Phallales werden oft auch zu den Gastrales gestellt).

Die *Exobasidiales* sind Endoparasiten, vorwiegend auf Heidekrautgewächsen, bei denen sie Gewebewucherungen verursachen, z. B. «Alpenrosenäpfel» von *Exobasidium rhododendri*.

Die *Aphyllophorales* («Nichtblätterpilze»), auch als Poriales bezeichnet, sind eine sehr uneinheitliche Gruppe. Hierher werden z. B. gerechnet: Corticiaceae mit Rindenpilz und Rindensprenger; Stereaceae mit Schichtpilz; Hymenochaetaceae mit Borstenpilz und Feuerschwamm; Hydnaceae mit Stoppelpilz und Habichtspilz; Telephoraceae mit Kreiselpilz; Coniophoraceae mit Hausschwamm; Clavariaceae mit Keulenpilz und Korallen; Cantharellaceae mit Pfifferling und Totentrompete; Poriaceae mit vielen «Porlingen» wie Saftporling, Zunderschwamm, Wirrling, Tramete, Blättling; Ganodermataceae mit Lackporling; Scutigeraceae mit Schafporling.

Die wichtigsten Familien der *Agaricales* (Blätterpilze) sind Boletaceae (Röhrlinge) mit Steinpilz, Maronenröhrling usw., Agaricaceae mit Egerling, Amanitaceae mit Fliegen- und Knollenblätterpilz, Cortinariaceae mit Schleierling, Tricholomataceae mit Ritterling, Trichterling, Rübling, Helmling, Schwindling, Coprinaceae mit Tintling, Russulaceae mit Milchling und Täubling.

Zu den *Gastrales* (Bauchpilze) gehören die Lycoperdaceae mit Bovist und Stäubling sowie die Geastraceae mit dem Erdstern. Von den vorwiegend tropi-

Fruchtkörperformen der Basidiomyceten
(verschiedene Organisationsstufen)

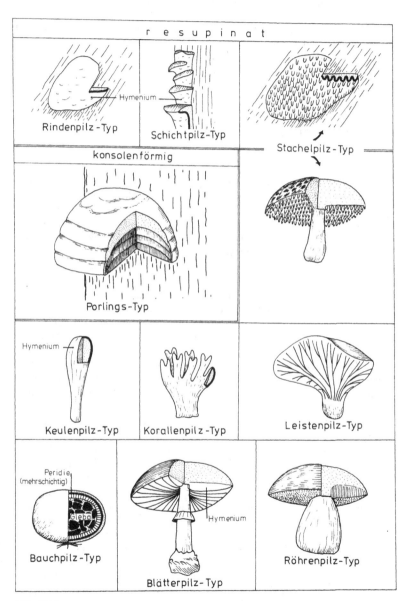

Abb. VI.4

schen *Phallales* (Blumenpilze) ist bei uns die Stinkmorchel der bekannteste Vertreter.

Bei den *Phragmobasidiomycetidae* hat man – wegen ihrer Bedeutung als Erreger gefährlicher Pflanzenkrankheiten – zuerst an die Brand- und Rostpilze (*Ustilaginales* und *Uredinales*) zu denken (vgl. Abschnitt 2.2), ferner gehören die *Tremellales* (Zitterpilze) mit Hexenbutter, Drüsling und Zitterling, die *Auriculariales* (Ohrlappenpilze) mit dem Judasohr und die *Dacrymycetales* (Tränenpilze) mit der Gallertträne hierher.

4. Bestimmungsmerkmale

Obwohl für eine exakte Bestimmung vieler Höherer Pilze mikroskopische Merkmale herangezogen werden müssen, kann man doch mit einiger Übung zahlreiche Arten am Habitus ihres Fruchtkörpers erkennen. Form, Farbe, Größenverhältnisse und Bau (evtl. Schnitt anfertigen!) sind natürlich die auffälligsten Merkmale, zu denen dann die feineren Merkmale hinzutreten müssen sowie Kenntnisse über Standorts- bzw. Substratspezifität.

Zum Erkennen von «Hutpilzen» sind folgende Eigenschaften von Bedeutung: Der *Hut* kann flach, gewölbt, kegelig, niedergedrückt, gebuckelt, genabelt, trichterig usw. sein (vgl. Abb. VI.6). Der Hut*rand* ist gerade, eingerollt, buchtig, scharf, stumpf, abgerundet usw. Die *Oberhaut* des Hutes kann trocken, feucht, schmierig (schleimig, schlüpferig), glatt, punktiert, schuppig, warzig, samtig, zottig, rissig, gezont, hygrophan (Farbänderung bei Austrocknung) sein.

Die *Lamellen* können frei, angewachsen, ausgebuchtet oder herablaufend sein (s. Abb. VI.6), sie können dicht oder entfernt stehen. Die *Lamellenfarbe* entspricht im Alter meist der Farbe des Sporenpulvers, die ein sehr wichtiges Merkmal darstellt (Ausnahme z. B. Lacktrichterling). *Als Anfänger darf man daher Pilze nur dann ansprechen oder bestimmen, wenn man auch erwachsene Exemplare gefunden hat!* So bleiben z. B. die Lamellen der Knollenblätterpilze weiß, während die der Egerlinge ganz jung ebenfalls weiß sein können, dann aber schnell rosarot und bald viel dunkler werden. Die *Lamellenschneide* ist glatt, schartig, gezähnelt, gesägt, gewimpert (fransig), längsgespalten usw.

Der *Stiel* kann gleichdick (zylindrisch, walzenförmig), bauchig, keulig, wurzelnd, basal verdickt (Knolle!) sein und kann einen Ring, einen Schleier (Cortina) und eine Scheide (Volva) haben (vgl. Abb. VI.5). Das *Fleisch* zeigt u. U. charakteristische Farben, seine Konsistenz kann weich, zäh, splitternd, brüchig, bröckelig, käsig, faserig sein; sein *Geschmack* ist mild oder scharf usw., man wird hier Vergleiche anstellen, ebenso beim *Geruch* des Pilzes.

An frischen Pilzen lassen sich schließlich mit einer Reihe leicht erhältlicher Chemikalien hilfreiche Farbreaktionen für die Bestimmung durchführen (vgl. Tab. 1.1.8. und Moser 1978, S. 4ff).

Bestimmungsmerkmale der Blätterpilze I

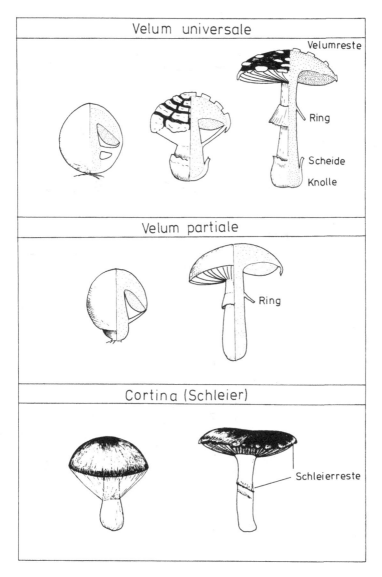

Abb. VI.5

Bestimmungsmerkmale der Blätterpilze II

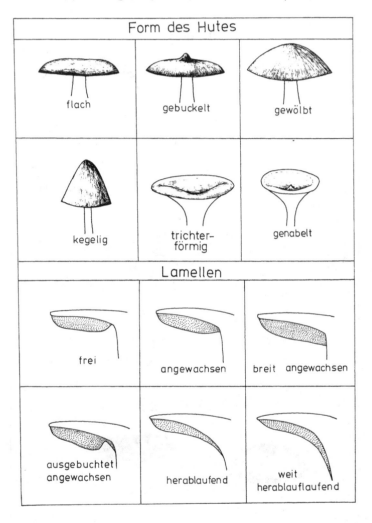

Abb. VI.6

5. Giftpilze und Pilzgifte

Die gefährlichsten Giftpilze sind Arten der Gattung *Amanita* (Knollenblätterpilze, Pantherpilz) sowie der Orangefuchsige Hautkopf (*Cortinarius orellanus*). Sehr gefährlich sind aber auch der Weinrote Schirmling (*Lepiota fuscovinacea*) und einige verwandte Arten, der Riesen-Rötling (*Rhodophyllus sinuatus*), der Tiger-Ritterling (*Tricholoma pardinum*), der Tannen-Häubling (*Galerina marginata*), die Frühjahrs-Lorchel (*Gyromitra esculenta*) sowie einige Arten der Gattungen Trichterling (*Clitocybe*), Rißpilz (*Inocybe*) und Schleierling (*Cortinarius*). Giftig – wenngleich weniger stark – sind auch Fliegenpilz (*Amanita muscaria*), Karbol-Egerling (*Agaricus xanthoderma*), Rettich-Fälbling (*Hebeloma crustuliniforme*), weitere Rötling-Arten (*Rhodophyllus spp.*), Kahler Krempling (*Paxillus involutus*) und Schöne Koralle (*Ramaria formosa*). In Verbindung mit Alkohol ist auch der Falten-Tintling (*Coprinus atramentarius*) giftig.

Zahlreiche Pilze sind zwar nicht giftig, jedoch ungenießbar, weil sie scharfe, bittere oder übelriechende Stoffe enthalten. Hier sind insbesondere die scharfen Milchling- und Täubling-Arten (*Lactarius* spp. und *Russula* spp.), Grünblättriger Schwefelkopf (*Hypholoma fasciculare*), Schwefel-Ritterling (*Tricholoma sulphureum*), Gallen-Röhrling (*Tylopilus felleus*) und Stinkmorchel (*Phallus impudicus*) zu nennen. Schließlich können Pilze auch zäh oder zu hart für den Verzehr sein (Porlinge).

Die gefährlichsten Giftstoffe der Knollenblätterpilze, des Orangefuchsigen Hautkopfes, einiger Schirmlinge und des Tannen-Häublings sind zyklische Oligopeptide, z. B. Amanitin und Phalloidin. Das Amanitin hemmt die Eiweißsynthese durch Inhibition der RNS-Polymerase, Palloidin verändert die Durchlässigkeit von Zellmembranen. Bei Aufnahme dieser Giftstoffe im Darm werden zunächst die Darmzellen geschädigt (Blut im Stuhl). Während sich aber die Symptome des Darmes am zweiten bis dritten Tag nach der Vergiftung zusehends bessern, wirken sich die Stoffe erst jetzt richtig auf die Leber aus: Es kommt zum Absterben vieler Leberzellen und damit zum Erliegen wichtiger Stoffwechselvorgänge.

Nach WIELAND[1] kann durch einen einfachen Test geprüft werden, ob Pilze diese Giftstoffe enthalten: Preßt man Pilzsaft auf den Rand einer *Zeitung* (kein holzfreies Papier!) und fügt einen Tropfen halbkonzentrierte Salzsäure hinzu, so bildet sich bei Anwesenheit dieser Giftstoffe in den folgenden 10 Minuten eine Blaufärbung. Die Giftstoffe reagieren dabei mit den Ligninbestandteilen des Zeitungspapiers. Pilze, die Amanitin oder Phalloidin nicht enthalten, ergeben nur eine Gelbfärbung. Die andern Gift- und Bitterstoffe kann man aber mit diesem Test nicht erfassen!

---

[1] vgl. z. B. Naturw. Rdsch. *33* (9), 1980 und Liebigs Annalen der Chemie *564:* 152, 1949.

6. Ratschläge für den Sammler

Will man Pilz-Fruchtkörper für Speisezwecke sammeln, so ist die Kenntnis der häufigsten Speisepilze und der Giftpilze unabdingbare Voraussetzung. In Zweifelsfällen wende man sich an eine Beratungsstelle[4] oder einen anderen Fachmann; es ist aber zu unterlassen, aus Unkenntnis alle gefundenen Pilze einzusammeln und nachher «unter Aufsicht» zu vernichten – die ersten Sammelverbote mußten bereits ausgesprochen werden!

Sinnvoll ist, die gesammelten Pilze gleich an Ort und Stelle vorzureinigen. Ein Längsschnitt gibt Auskunft über eventuellen Madenbefall (ausschneiden!); alte Lamellen oder Röhren werden entfernt, da sich oft Gelege von Pilzmücken in der Grenzschicht zur Trama befinden. Ist die Hutoberhaut sehr schleimig, so wird sie gleich abgezogen. Wenn der Stiel zähfaserig ist, so entfernt man ihn ebenfalls ganz oder teilweise.

Zu Hause säubert man die Pilze vollständig. Die gereinigten Pilze können im Kühlschrank (offen, nie verschlossen!) ein bis höchstens zwei Tage aufbewahrt werden. Erst unmittelbar vor der Zubereitung werden sie kurz abgewaschen, wobei sie sich nicht mit Wasser vollsaugen sollen. Manche Pilze müssen vor der Zubereitung in kochendem Wasser abgebrüht werden, das Kochwasser muß verworfen werden (z. B. Hallimasch, Hexenröhrlinge).

Pilze, die für Studienzwecke oder als Belegstücke gesammelt werden, sollten möglichst einzeln aufbewahrt und transportiert werden, da Bruchstücke falsch zugeordnet werden könnten. Für den Transport haben sich offene Plastikgefäße aller Art bewährt, die in einem Spankorb gestapelt werden. Für besonders zarte und kleine Arten empfehlen sich verschließbare kleine Gefäße, in die man etwas Moos zum Schutz mit einpacken kann. Will man die Pilze nur kurzfristig aufbewahren, so geschieht dies im Kühlschrank, für dauerhafte Aufbewahrung müssen sie sehr sorgfältig getrocknet werden («Exsikkate»).

---

[4] Ein Verzeichnis der Pilzberater sowie der Informations- und Behandlungszentralen für Pilzvergiftungen der Bundesrepublik Deutschland kann angefordert werden von: Landeszentrale für Gesundheitsförderung Baden-Württemberg e. V., Postfach 291, 7000 Stuttgart 70.

Übersicht

<table>
<tr><th>Hymenophor</th><th colspan="2">Fruchtkörper</th><th>Habitus</th><th>Tab.</th></tr>
<tr><td rowspan="5">an einer Aussenseite des Fruchtkörpers, nicht im Innern eingeschlossen</td><td colspan="2">deutlich in Hut und Stiel gegliedert</td><td></td><td>1
S. 138</td></tr>
<tr><td rowspan="4">kein Hut ausgebildet</td><td>muschel-, konsolenförmig, dachziegelig oder krustenförmig, immer an Holz</td><td></td><td>2
S. 160</td></tr>
<tr><td>keulen- oder korallenförmig</td><td>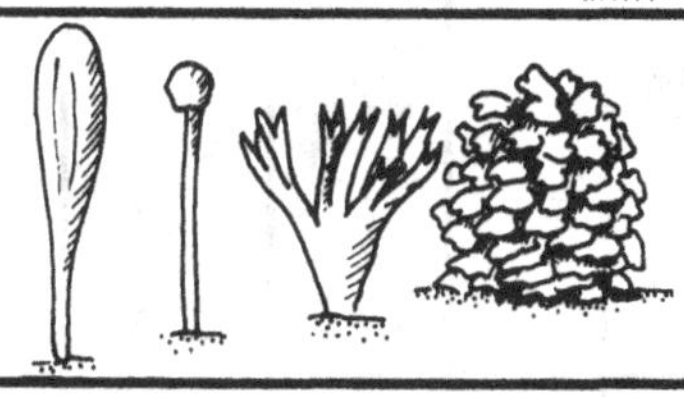</td><td>3
S. 166</td></tr>
<tr><td>gelatinös-gallertig, ± klumpenförmig, gefaltet oder lappig bis hirnförmig</td><td></td><td>4
S. 167</td></tr>
<tr><td>scheiben-, teller-, becher- oder kreiselförmig, z. T. ohrlöffelartig oder mit gelapptem Rand</td><td></td><td>5
S. 168</td></tr>
<tr><td>bis zur Reife im Fruchtkörper eingeschlossen</td><td colspan="2">kugelig, knollig, birnenförmig (Aussenhülle z. T. sich sternförmig öffnend), später z. T. verschieden geformte Innenkörper hervorbringend; z. T. unterirdisch</td><td></td><td>6
S. 170</td></tr>
</table>

Tab. 1: Pilze, deren Fruchtkörper deutlich in Hut und Stiel gegliedert sind (Übersicht)

Hutform	Hutunterseite	Fleisch	Sonstiges/Habitus	Name
schirmförmig bis trichterig, in der Regel zentral, z. T. seitlich gestielt,	mit Lamellen (Blättern)	dick oder dünn, weich oder fest, faserig oder spröde		Blätterpilze (Agaricales) Tab. 1.1 S. 139
	mit Stacheln oder Stoppeln	fest bis zäh-korkig		Stoppelpilze Tab. 1.2 S. 152
		gallertig-gelatinös		Eispilz (Pseudohydnum gelatinosum; Tremellales)
	mit Poren oder Röhren	zäh bis korkig; Porenschicht löst sich nicht vom Hutfleisch ab und ist farbgleich	einzelne (a) oder büschelige (b) Fruchtkörper	"Porlinge" Tab. 1.3 S. 153
		weich, dick; Röhrenschicht löst sich meist leicht von fleischigen Hut ab und ist farblich ± verschieden		Röhrlinge (Boletales) Tab. 1.4 S. 155
	glatt oder runzelig bis warzig oder mit gabeligen Leisten	verschieden		Gallerttrichter, Erdwarzenpilz, Totentrompete, Pfifferling, Schweinsohr Tab. 1.5, S. 158
wabig, gefaltet oder sattelförmig	Hymenophor auf der Oberseite!	fleischig bis gallertig		Lorchel, Morchel, Stinkmorchel Tab. 1.6, S. 159

Tab. 1.1: Blätterpilze, Übersicht

Tab.	Familie	Schleier	Scheide	Ring	Substrat	Lamellen (reifer Frkpr.)	Stiel
1.1.1 S. 140	Polyporaceae, Crepidotaceae, Paxillaceae, Tricholomataceae				(meist) Holz	weiss, rosa bis violett, gelblich oder bräunlich	exzentrisch oder seitlich
1.1.2 S. 141	Russulaceae, Hygrophoraceae, Tricholomataceae	–	–	–	Boden, Holz u. a.	weiss, creme- oder sahnefarben	zentral
1.1.3 S. 143	Agaricaceae, Amanitaceae, Tricholomataceae		+	+			
1.1.4 S. 144	Tricholomataceae, Cortinariaceae, Strophariaceae	+ oder –	+ oder –		Holz (meist büschelig)	gelb bis ockergelb	
1.1.5 S. 145	Russulaceae, Tricholomataceae, Hygrophoraceae	–		–	Boden (meist ± einzeln)		
1.1.6 S. 146	Rhodophyllaceae, Tricholomataceae (Roter Lackpilz), Amanitaceae (Dachpilz)		–		Boden, Holz	rosa, lachsfarben oder hellrot	
1.1.7 S. 147	Cortinariaceae, Strophariaceae	+ oder –		+ oder –	Holz (büschelig)	braun, rostfarben, oliv, graubraun oder erdfarben (jung auch heller)	
1.1.8 S. 148	Cortinariaceae, Paxillaceae				Boden (einzeln)		
1.1.9 S. 150	Agaricaceae, Tricholomataceae (Blauer Lacktrichterling), Coprinaceae, Strophariaceae	–			Boden, Holz, Mist	grau, purpurbraun, violett, schwarz (zuerst oft heller)	

Tab. 1.1.1: Blätterpilze mit exzentrischem oder seitlichem Stiel oder ungestielt; Holzbewohner

	Sägeblättling (Lentinus)	Zähling (Lentinellus)	Zwergknäueling (Panellus)	Knäueling (Panus)	Seitling (Pleurotus)	Stummelfüsschen (Crepidotus)	Samtfuss-Krempling (Paxillus atrotomentosus)	Spaltblättling (Schizophyllum commune)
Sonstiges/Habitus							Lamellen weit herablaufend; grosser Pilz am Grund von Baumstümpfen, v. a. von Fichten	Laub-, v. a. Buchenholz
Fleisch	± zäh, elastisch				dick, fest	dünn, zäh	dick, fest, gelblich, bitter	dünn, zäh
Hutoberfläche	z. T. schuppig; meist helle Farben	mit braunen Farbtönen	meist hell		grau, graubraun oder blass	weisslich-bräunlich	hellbraun, filzig; Rand sehr lang eingerollt	weiss-flockig
Stiel	relativ lang, rundlich	kurz, unregelmässig längsgefurcht	abgeflacht	rundlich	abgeflacht	kurz bis fehlend	mit dunkelbraunem Samtfilz	sehr kurz oder fehlend
Lamellen — Farbe	zuerst weisslich, später blassocker oder grau						reif (rost-)braun, jung etwas blasser	rosa bis violett
Lamellen — Schneide	gesägt		glatt					
	nicht gespalten							längsgespalten

Tab. 1.1.2: Zentralgestielte Blätterpilze mit hellen Lamellen, ohne Ring oder Scheide
a) Lamellen brüchig, splitternd; Stiel bröckelig-käsig .... **Tab. 1.1.2.1**
b) Lamellen biegsam-elastisch, ± weit herablaufend; Stiel faserig .... **Tab. 1.1.2.2**
c) Lamellen elastisch, frei oder angewachsen (wenn herablaufend, sehr
   kleine Pilze mit starrem Stiel) .... **Tab. 1.1.2.3**

Tab. 1.1.2.1

Lamellen	Hut	Stiel	Sub-strat	Sonstiges/Habitus	Name
frei bis angewachsen	kahl, glatt	sehr verschieden, oft lebhaft gefärbt	Boden	alle milden Arten essbar	Täubling (Russula)
angewachsen bis herablaufend	filzig bis wollig, schleimig oder kahl	weisse, rötlichbraune u. graugrüne bis dunkle Töne, oft konzentrisch gezont	verschieden	wenn Milchsaft karottenrot: Edelreizker (essbar) — mit $\frac{\text{Milch-}}{\text{saft!}}$	Milchling, Reizker (Lactarius)

Russulaceae

vgl. auch Tab. 1.1.5 und 1.1.6

Tab. 1.1.2.2

Lamellen	Hut	Fleisch	Substrat	Stiel	Sonstiges/Habitus	Name
ziemlich dick, ± entfernt, wachsartig	glatt oder feinkörnig, meist schleimig	± dick	Boden	meist lang, weiss		Schneckling, Saftling (Hygrophorus, Hygrophoraceae)
± eng stehend	Lamellen nicht durchscheinend	sehr dünn oder häutig		z. T. sehr gross; kleine Formen v. a. auf Laub		Trichterling (Clitocybe)
teilweise getönt (Sporen aber weiss)	sehr dünn, Lamellen durchscheinend		Moos, morderndes Holz, Boden	sehr klein, meist gesellig, z. T. in Symbiose mit Grünalgen (Basidiolichenen)		Nabeling (Omphalina und Gerronema)

oft trichterförmig — Tricholomataceae

Tab. 1.1.2.3

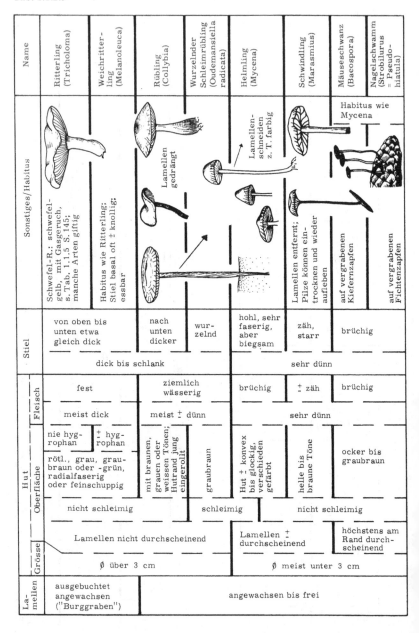

Name: Ritterling (Tricholoma) · Weichritterling (Melanoleuca) · Rübling (Collybia) · Wurzelnder Schleimrübling (Oudemansiella radicata) · Helmling (Mycena) · Schwindling (Marasmius) · Mäuseschwanz (Baeospora) · Nagelschwamm (Strobilurus = Pseudohiatula)

Sonstiges/Habitus:
- Schwefel-R.: schwefelgelb, mit Gasgeruch, s. Tab. 1.1.5 S. 145; manche Arten giftig
- Habitus wie Ritterling; Stiel basal oft ± knollig; essbar
- Lamellen gedrängt
- Lamellenschneiden z. T. farbig
- Lamellen entfernt; Pilze können eintrocknen und wieder aufleben
- auf vergrabenen Kiefernzapfen
- auf vergrabenen Fichtenzapfen
- Habitus wie Mycena

Stiel:
- von oben bis unten etwa gleich dick
- nach unten dicker
- wurzelnd
- hohl, sehr faserig, aber biegsam
- zäh, starr
- brüchig

dick bis schlank | sehr dünn

Fleisch:
- fest
- ziemlich wässerig
- brüchig
- ± zäh
- brüchig

meist dick | meist ± dünn | sehr dünn

Hut / Oberfläche:
- nie hygrophan
- ± hygrophan
- rötl., grau, graubraun oder -grün, radialfaserig oder feinschuppig
- mit braunen, grauen oder weissen Tönen; Hutrand jung eingerollt
- graubraun
- Hut ± konvex bis glockig, verschieden gefärbt
- helle bis braune Töne
- ocker bis graubraun

nicht schleimig | schleimig | nicht schleimig

Grösse:
- Lamellen nicht durchscheinend
- Lamellen ± durchscheinend
- höchstens am Rand durchscheinend

∅ über 3 cm | ∅ meist unter 3 cm

Lamellen:
- ausgebuchtet angewachsen ("Burggraben")
- angewachsen bis frei

142

Tab. 1.1.3: Zentralgestielte Blätterpilze mit hellen Lamellen, mit Ring und/oder Scheide

	Fliegen-, Knollenblätter-, Perlpilz, Wulstling	Scheidenstreifling (A. vaginata)	Beringter Schleimrübling (Oudemansiella mucida)	Körnchenschirmling (Cystoderma)	Hallimasch (Armillariella mellea; Name möglicherweise von "Heil-am-Arsch")	Riesenschirmling, Parasolpilz (Macrolepiota procera)	Schirmling (Lepiota spp.)
Name	Amanita	Amanita					
Sonstiges/Habitus	Hut rot oder orange, mit weissen Hautfetzen: Fliegenpilz. Hut kupferrot, mit feinen Perlen, Fleisch rötend: Perlpilz. Grüner und Weisser Knollenblätterpilz sind gefährlichste Giftpilze!		ganzer Pilz elfenbeinweiss	unangenehmer Modergeruch	büschelig; Parasit; abgekocht essbar	Stiel braunschuppig gezont; Ring verschiebbar, doppelt berandet; wenn blutend: Safran-Schirmling (Rötender S.)	Ring unbeweglich; einige sehr giftige Arten!
Standort	Waldboden	v. a. Nadelwald	morsches Laubholz, v. a. Buche	Waldboden	Laub- und Nadelholz	Boden	Boden
Hutoberseite	weiss, rot, kupferrot, gelb, grünlich	grau oder braun (-rot); Rand gerieft	elfenbeinweiss, schleimig	flockig-feinkörnig, oft strahlig gerunzelt	mit aufgerichteten vergänglichen Schüppchen; dunkel honiggelb bis fuchsig-oliv	mit konzentrischen, dachziegeligen, dunkelbraunen Schuppen	Schuppen kleiner
	glatt (höchstens mit Velumresten)	glatt (höchstens mit Velumresten)	glatt (höchstens mit Velumresten)	körnig oder schuppig	körnig oder schuppig	körnig oder schuppig	körnig oder schuppig
Lamellen	frei	frei	angewachsen bis frei	angewachsen bis frei	± herablaufend	frei	frei
Stiel	mit Ring	ohne Ring	mit Ring	mit Ring	mit Ring	mit Ring	mit Ring
	mit Scheide	mit Scheide	ohne Scheide	ohne Scheide	ohne Scheide	ohne Scheide	ohne Scheide

Tab. 1.1.4: Blätterpilze mit gelben Lamellen, Holzbewohner

Name	Rötlicher Holzritterling (Tricholomopsis rutilans)	Gefleckt-blättriger Flämmling (Gymnopilus penetrans)	Grünblättriger Schwefelkopf (Hypholoma fasciculare)	Samtfuss-rübling (Flammulina velutipes)
Sonstiges/Habitus				X - V
Substrat	v. a. auf modernden Stümpfen	v. a. Kiefer		auf teilweise abgestorbenen Stämmen und ± frischen Stümpfen
	Nadelholz			Laubholz
Lamellen	sattgelb, gedrängt, ausgebuchtet angewachsen ("Burggraben")	sattgelb, rostbraun fleckend	zuerst schwefelgelb, dann grünlich-ocker	zuerst weiss, dann gelblich, dann braungelb
		kein "Burggraben"		
Stiel	oben gelb, unten rötlich	gelb bis gelbbraun		rotbraun, dicht samtfilzig, Basis fast schwarz
Velumreste	-	+		ǀ
Hutoberseite	mit purpurrötlichen Fasern bzw. Schüppchen auf gelbem Grund	gelb mit bräunlicher Mitte (am Rand dunkle Velumreste)	gelbbraun, ± einfarbig	orangegelb, Mitte etwas dunkler, wellig
		kahl, ± gelb bis gelbbraun		

Tab. 1.1.5: Blätterpilze mit gelben oder orangefarbenen Lamellen, Bodenbewohner

Name	Milchling (Lactarius spp.)	Täubling (Russula spp.)	Unverschämter R. (T. sulphureum)	Grünling, Edel-R. (T. equestre)	Schneckling, Ellerling, Saftling (Hygrophorus spp.)	Falscher Pfifferling (Hygrophoropsis aurantiaca)	Nabeling (Omphalina und Gerronema)
			Ritterling (Tricholoma)				
Sonstiges/Habitus	vgl. Tab.1.1.2.1 S.141; wenn Milchsaft karottenrot: essbar	vgl. Tab.1.1.2.1 S.141; mild schmeckende Arten essbar	mit Gasgeruch, giftig vgl. Tab.1.1.2.3 S.142	mit schwachem Mehlgeruch, essbar; vgl. Tab.1.1.2.3 S.142	Fleisch weich, wässrig, z.T. verfärbend; oft mit kräftigen Farben (kirschrot, zitronengelb usw.); essbar vgl. Tab.1.1.2.2 S.141	ganzer FK gelborange, zäh, dünnfleischig; v.a. auf sauren Böden zwischen Moos (vgl. Pfifferling Tab.1.5. S.158)	sehr kleine Pilze (vgl. Tab.1.1.2.2 S.141)
						minderwertig	
Lamellen	angewachsen bis herablaufend	frei bis angewachsen	ausgebuchtet angewachsen ("Burggraben")		± herablaufend	orange-rot!	
						weit herablaufend	
	± dichtstehend, dünn				dick, entfernt	± dicht stehend	
	brüchig, splitternd			± elastisch			
Milchsaft	+			ı			
Stiel	bröckelig oder käsig			faserig			

Tab. 1.1.6: Lamellen mit rötlichen Farbtönen (vgl. Tab. 1.1.5, bei jungen Pilzen auch 1.1.9)[1]

Name	Roter Lacktrichterling (Laccaria laccata)	Saftling, Schneckling (Hygrophorus)	Rosablättriger Helmling (Mycena galericulata)	Rötling (Rhodophyllus, Entoloma)	Dachpilz (Pluteus)	Milchling (Lactarius)
Sonstiges/Habitus	dünnfleischig; Stiel dünn, am Grund filzig oder zottig; VI-XI, essbar	vgl. Tab.1.1.2.2 S.141 und Tab.1.1.5 S.145 — Lamellen von Sporen ± weiss bestäubt	wurzelnd; Lamellen hellrosa, rostbraun fleckend, am Grund aderig verbunden	sehr vielgestaltig; Sporen (Mikroskop) vieleckig; Riesen- oder Gifttrötling: Hut elfenbeinfarben, gross, mit Mehlgeruch; gefährlicher Giftpilz!	Hirschbrauner D. (P. cervinus): Hut braun, Stiel braunfaserig; essbar	vgl. Tab.1.1.2.1 S.141 und Tab.1.1.5 S.145
Substrat	Boden	Boden	Holz, v. a. an Stümpfen von Erle und Birke	Boden	Laubholz	Boden
Hut	fleischrot, im Alter verblassend	z. T. sehr kräftig rot	blass aschgrau, am Rand älter gelb verfärbend	sehr verschieden, überwiegend hellere Farbtöne	vorwiegend braune Farbtöne	rötlich, orange, graubraun, braun
Lamellen	herablaufend, dick		angewachsen bis herablaufend		frei	± herablaufend
	entfernt			gedrängt		
Milchsaft						+

[1] Wenn Lamellen kräftig dunkelrot und ganzer Pilz dunkel gefärbt, s. Hautkopf (Dermocybe), Tab. 1.1.8

Tab. 1.1.7: Zentralgestielte Blätterpilze mit bräunlichen Lamellen; Pilze büschelig auf Holz wachsend

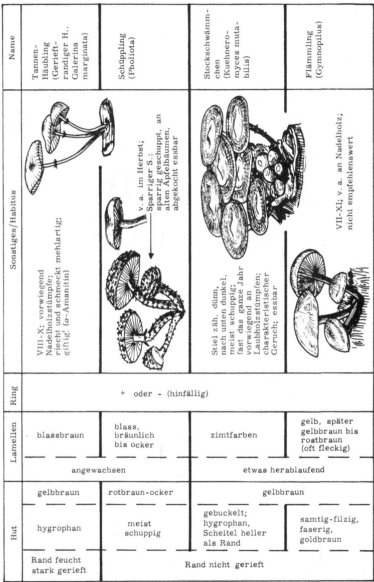

	Tannen-Häubling (Gerieftrandiger H., Galerina marginata)	Schüppling (Pholiota)	Stockschwämmchen (Kuehneromyces mutabilis)	Flämmling (Gymnopilus)
Sonstiges/Habitus	VIII–X; vorwiegend Nadelholzstümpfe; riecht und schmeckt mehlartig; giftig! (α-Amanitin)	v. a. im Herbst; Sparriger S.: sparrig geschuppt, an alten Apfelbäumen, abgekocht essbar	Stiel zäh, dünn, nach unten dunkler, meist schuppig; fast das ganze Jahr vorwiegend an Laubholzstümpfen; charakteristischer Geruch; essbar	VII–XI; v. a. an Nadelholz; nicht empfehlenswert
Ring	+ oder − (hinfällig)			
Lamellen	blassbraun	blass, bräunlich bis ocker	zimtfarben	gelb, später gelbbraun bis rostbraun (oft fleckig)
	angewachsen		etwas herablaufend	
Hut	gelbbraun	rotbraun-ocker	gelbbraun	
	hygrophan	meist schuppig	gebuckelt; hygrophan, Scheitel heller als Rand	samtig-filzig, faserig, goldbraun
	Rand feucht stark gerieft	Rand nicht gerieft		

Tab. 1.1.8: Zentralgestielte Blätterpilze mit bräunlichen Lamellen; Pilze einzeln, auf Boden

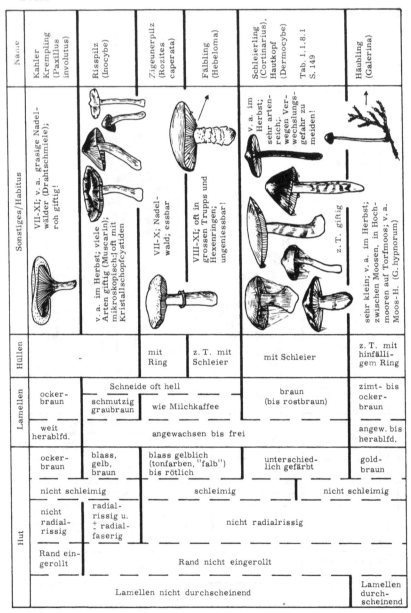

Name	Kahler Krempling (Paxillus involutus)	Risspilz (Inocybe)	Zigeunerpilz (Rozites caperata)	Fälbling (Hebeloma)	Schleierling (Cortinarius), Hautkopf (Dermocybe) Tab. 1.1.8.1 S. 149	Häubling (Galerina)
Sonstiges/Habitus	VII-XI; v. a. grasige Nadelwälder (Drahtschmiele); roh giftig!	v. a. im Herbst; viele Arten giftig (Muscarin); mikroskopisch: oft mit Kristallschopfcystiden	VII-X; Nadelwald; essbar	VIII-XI; oft in grossen Trupps und Hexenringen; ungeniessbar!	v. a. im Herbst; sehr artenreich; wegen Verwechslungsgefahr zu meiden! z. T. giftig	sehr klein; v. a. im Herbst; zwischen Moosen, in Hochmooren auf Torfmoos; v. a. Moos-H. (G. hypnorum)
Hüllen	–	mit Ring	z. T. mit Schleier	mit Schleier	mit Schleier	z. T. mit hinfälligem Ring
Lamellen	ocker-braun	Schneide oft hell	Schneide oft hell	Schneide oft hell	braun (bis rostbraun)	zimt- bis ocker-braun
		schmutzig graubraun	wie Milchkaffee	wie Milchkaffee	braun (bis rostbraun)	zimt- bis ocker-braun
	weit herablfd.	angewachsen bis frei	angewachsen bis frei	angewachsen bis frei	angewachsen bis frei	angew. bis herablfd.
Hut	ocker-braun	blass, gelb, braun	blass gelblich (tonfarben, "falb") bis rötlich	blass gelblich (tonfarben, "falb") bis rötlich	unterschiedlich gefärbt	gold-braun
	nicht schleimig	nicht schleimig	schleimig	schleimig	schleimig / nicht schleimig	nicht schleimig
	nicht radialrissig	radial-rissig u. ⁺ radialfaserig	nicht radialrissig	nicht radialrissig	nicht radialrissig	nicht radialrissig
	Rand eingerollt	Rand nicht eingerollt	Rand nicht eingerollt	Rand nicht eingerollt	Rand nicht eingerollt	Rand nicht eingerollt
	Lamellen nicht durchscheinend	Lamellen nicht durchscheinend	Lamellen nicht durchscheinend	Lamellen nicht durchscheinend	Lamellen nicht durchscheinend	Lamellen durchscheinend

Tab. 1.1.8.1: Untergattungen des Schleierlings i. w. S. (Cortinarius)

Name	Schleimfuss (Myxacium)	Schleimkopf, Klumpfuss (Phlegmacium)	Schleierling i. e. S. (Cortinarius)	Leprocybe	Gürtelfuss (Telamonia) und Wasserkopf (Hydrocybe)	Sericocybe	Hautkopf incl. Dickfuss (Dermocybe incl. Inoloma)
Sonstiges/Habitus	z. T. bitterer Geschmack	Stiel oft knollig; Fleisch mit Lauge meist gelb oder braun	Fleisch mit Lauge rot oder schwarz-braun	Huthaut mit Lauge ±schwarz-braun	Stiel unter dem Schleier gegürtelt oder gestiefelt		Orangefuchsiger Hautkopf (C. orellanus) tödlich giftig!
Stiel	schleimig	nicht schleimig					
Hut	bläulich, weiss, ocker	braun, lebhaft violett, rot, gelb, grün	dunkelviolett (auch der Stiel)	oliv oder gelblich	braun, gelbbraun oder violett, meist hygrophan	tonfarben, bräunlich bis violett, nicht hygrophan	kräftig dunkelbraun, rot, oliv oder grünlich, matt
	schleimig, seltener trocken	immer trocken					

149

Tab. 1.1.9: Lamellen im Alter purpurbraun, violett, grau oder schwarz
a) Hutoberfläche schmierig .... **Tab. 1.1.9.1**
b) Hutoberfläche glatt, faserig oder faserig-schuppig, nicht schmierig ... **Tab. 1.1.9.2**

Tab. 1.1.9.1

	Grünspan-Träuschlinge (Stropharia aeruginosa u. S. cyanea)	Kupferroter S. (G. rutilans)	Grosser S., Kuhmaul (G. glutinosus)
		Schmierling (Gomphidius)	
Sonstiges/Habitus	essbar		
Sonstiges/Habitus	VIII-XI; lichte Wälder; Krönchen-T. (S. coronilla) mit gelber Hutoberseite auf Viehweiden	VII-XI; Kiefernwald	VII-X; v. a. unter Fichten, auf Sandböden
Sub-strat	Boden, einzeln		
Stiel	bläulich, unter dem Ring weissflockig	orange-braun	Grund zitronengelb
Stiel	bis 1 cm dick	dick, fleischig ($\emptyset > 1$ cm)	
Ring	+		
Lamellen	graubraun, dann schwärzlich	rötlich, dann russfarben	grau, später russfarben
Lamellen	angewachsen bis frei	weit herablaufend, entfernt voneinander	
Hut	blaugrün	rot-braun	braun bis grau

Tab. 1.1.9.2

	Egerling, Champignon (Agaricus)
Sonstiges/Habitus	essbar, ausser Karbolchampignon (Karbolgeruch!)
Sub-strat	Boden, einzeln
Stiel	meist weisslich
Stiel	dick, fleischig ($\emptyset > 1$ cm)
Ring	+
Hut	weisslich, z. T. gilbend, z. T. rotbraun geschuppt oder gefasert
Hut	glatt
Lamellen	rosa bis grau, später purpurbraun
Lamellen	nicht zerfliessend

vgl. Fortsetzung!

Name	Blauer Lackpilz (Laccaria amethystina)	Tränender Saumpilz (P. lacrymabunda)	Wässriger S. (Weisstieliges Stockschwämmchen, P. hydrophila)	Schwefelkopf (Naematoloma, Hypholoma)	Düngerling (Panaeolus)	Tintling (Coprinus)
		Saumpilz, Faserling (Psathyrella)				
Sonstiges/Habitus	Lamellen dick, wachsartig, weiss bestäubt; auch Fleisch blauviolett; VI-XI; Laubwald	v. a. Ruderalstellen	stark hygrophan, sehr zerbrechlich; IX-XI	fast das ganze Jahr; Graublättriger S.: Lamellen schon jung grau, Geschmack mild; essbar	Hut auch im Alter ± glockig; fast ganzjährig; Weiden	raschwüchsig, schnell vergänglich; ganzjährig; Schopf-T. essbar
	essbar	nicht empfehlenswert, z. T. schwach giftig				
Substrat	Boden, einzeln	Baumstümpfe, büschelig			Boden oder Mist, meist einzeln	
Stiel	blauviolett	bräunl., faserig	weiss, seidig glänzend	bräunlich	verschieden	weisslich
		dünn (< 1 cm), ± faserig			unterschiedlich dick	
Ring	-	+ oder -				
Hut	blauviolett	schmutzig braungelb	dunkelbraun, trocken heller	meist gelb, aber auch rotbraun	weiss, grau bis braun, z. T. gerieft	
	glatt	faserig	glatt			faserig-schuppig
Lamellen	blauviolett, später weiss bestäubt	hellbraun, später dunkler		gelb, grünl. oder grau, später grauschwarz	grau marmoriert, dann dunkel	hell (rosa), später schwarz
	nicht zerfliessend					im Alter zerfliessend

151

Tab. 1.2: Stoppelpilze, Stachelpilze (Hydnaceae)

Name	Semmel-S. (H. repandum)	Rotgelber S. (H. rufescens)	Habichts- oder Rehpilz (Sarcodon imbricatus)	Phellodon spp.	Hydnellum spp.	Ohrlöffel-Stacheling (Auriscalpium vulgare)
	Stoppelpilz (Hydnum)			Korkstacheling		

	Semmel-S. / Rotgelber S.		Habichts-/Rehpilz	Phellodon spp.	Hydnellum spp.	Ohrlöffel-Stacheling
Sonstiges	Fleisch hell, ± brüchig; VII–IX; Nadel- und Laubwald; essbar		Fleisch mit würzigem Geruch, grauend; VII–IX; v. a. in trockenen Kiefernwäldern; jung essbar	ungeniessbar		
				Geruch nach Liebstöckel (Maggiwürze)	Geruch z. T. aromatisch, nie nach Maggiwürze	ganzjährig, v. a. im Herbst
				VII–IX		
Stacheln	weisslich-gelblich	gelb-bis rostrot	braun	anfangs hell (weisslich), dann immer dunkler werdend		
	zerbrechlich			zäh		
Hutfarbe	semmel-gelb	rotgelb, im Alter rostrot	bräunlich bis umbra-braun	braun, b'schwarz oder dunkelgrau	lebhaft gefärbt (orange-gelb oder bläulich)	graubraun bis dunkel braun-schwarz
Hut	kahl, glatt, z. T. rissig		grob schwärzlich geschuppt wie Habichtsgefieder	meist seidig-filzig; oft mehrere Hüte miteinander verwachsen		nieren-, seltener halbkreisförmig, am Stielende etwas ausgebuchtet, dünn, zäh, mit samtfilziger Oberhaut
	Fremdkörper werden umwachsen					
	nicht gezont; Rand ± eingerollt			gezont; Rand nicht eingerollt		
	sehr unregelmässig		rundlich			
Stiel	dickfleischig, brüchig			± dick, zäh		dünn, zäh
	seitlich bis zentral					seitlich
Substrat	Waldboden					Kiefern-zapfen

Tab. 1.3: Porlinge mit Stiel und Hut
a) mit Einzelhüten .... **Tab. 1.3.1**
b) mit gebüschelten Hüten .... **Tab. 1.3.2**

Name	Schuppiger P. (P. squamosus)	Löwengelber = Verschiedener P. (P. varius)	Winter-P. (P. brumalis)	Glänzender Lackporling (Ganoderma lucidum)	Kiefernporling (Phaeolus schweinitzii)	Dauerporling (Coltricia perennis)
	Porling (Polyporus)					
Sonstiges	V–VIII; v. a. auf Linden, Weiden und Pappeln	ganzjährig, v. a. aber im Frühjahr; v. a. auf Buchen	ganzjährig, v. a. Herbst u. Winter; auf Laubholzästen am Boden	hart, dauerhaft, meist am Grund alter Eichen; selten	VI–IX; v. a. auf Kiefern; Mycel gelb	VII–IX, den Winter überdauernd; auf Sandböden (selten alten Kiefernstümpfen)
Poren	weit, eckig	eng, rund	sehr eng	labyrinthisch, zerrissen, bei Druck dunkel	unregelmässig eckig, sehr kurz	
	± herablaufend		nicht herablaufend	weit herablaufend		
	jung weisslich, alt gelblich oder hellbraun			olivgrün	zuerst grau bereift, dann dunkelbraun	
Hut	mit konzentrisch angeordneten, d'braunen Schuppen, flach, fächer- bis trichterförmig	oft mit radiären d'braunen Streifen; Form variabel, (meist ausgebrochen und niedergedrückt)	dünn, zäh, lederig, z. T. genarig, mit filziger Oberfläche	rotbraun, glänzend, hart, ± nierenförmig	zuerst striegelig-filzig, später höckerig-grubig	mit dunklen konzentrischen Zonen; jung feinsamtig (verkahlend)
	gold- bis lederbraun		graubraun	rotbraun, glänzend	gelb- bis dunkelbraun	gelb- bis graubraun
Stiel	hell, an der Basis schwarz		weisslichgrau, mit dunkelbraunen Flocken	rotbraun, mit glänzender Lackschicht	sehr unregelmässig (z. T. auch ganz fehlend)	± zentral
	± zentral oder seitlich			seitlich		
Habitus						
	mit ± deutlich abgesetztem Stiel			konisch bis kreiselförmig	trichterig	
Substrat	Laubholz				Nadelholz (v. a. Kiefer)	Waldboden

Tab. 1.3.1

Tab. 1.3.2

Name	Riesenporling (Meripilus giganteus)	Laubporling, Klapperschwamm (Grifola frondosa)	Eichhase, Ästiger Büschelporling (Grifola umbellata)
Sonstiges	v. a. an Buchen, Linden, Eichen; stark pilzartig riechend; Geschmack säuerlich; jung essbar	v. a. am Grund alter Eichen; Hüte klappern beim Schütteln aneinander; essbar	VII-X; v. a. an Eichen und Rotbuchen; essbar
		VIII-X	
	Poren und Fleisch schwärzend	Poren und Fleisch nicht schwärzend	
Poren	zuerst blassgelb, dann braun	weiss (im Alter z. T. blassbräunlich werdend)	
Hüte	zuerst gelbbraun, dann dunkelbraun, samtig bereift bis körnig	braungrau, strahlig gefasert, rissig, körnig-flockig	anfangs hellbraun, graubraun oder russig, heller werdend, fein radialstreifig, unregelmässig zerschlitzt
	lappen- oder zungenförmig		rundlich, ± zentral gestielt
Habitus			
	an der Basis verzweigt		auf einem gemeinsamen, dicken, kurzen Strunk
Substrat	am Grund von Laubbäumen oder -stümpfen, oft scheinbar auf Erde (vergrabener Strunk oder Wurzel)		

Tab. 1.4: Röhrlinge

Name	Grauer Lärchenröhrling (S. aeruginascens)	Goldröhrling, Goldgelber Lärchenröhrling (S. grevillei)	Butterpilz (S. luteus)	Körnchenröhrling (S. granulatus)	Sandröhrling (S. variegatus)	Kuhröhrling (S. bovinus)	Pfefferröhrling (Boletus piperatus)
			Suillus				
Sonstiges/Habitus	unter Lärchen (Mykorrhiza); VI-X		VI-X; v. a. in Kiefernwäldern	V-X; Stiel mit körnigen Wärzchen und milchigen Tröpfchen; unter Kiefern (besonders auf Kalk)	VIII-X; v. a. Kiefernwald	VIII-X; Heidegebiete; ganzer Pilz gummiartig biegsam	nicht zu empfehlen; VI-X, Nadelwald
			essbar				
Fleisch	weisslich; Geruch obstartig	Hutfleisch zitronengelb, schwach rötlich anlaufend	gelblichweiss; Geruch obstartig	weisslich, gelblich werdend	hell-, später orangegelb, schwach bläuend	grau- bis bräunlichweiss, langsam bläuend	gelblich; Geschmack scharf brennend
Röhren — Weite	weit, zusammengesetzt, am Stiel ± herablaufend		ziemlich eng	jung eng, sich dann auf ca. 1 mm ∅ erweiternd		sehr weit, zusammengesetzt	ziemlich eng
Röhren — Farbe	grauweiss bis graubraun	jung ± hellgelb, im Alter bräunlich oder oliv				graugelblich bis grau-oliv	orangerot bis rotbraun
Stiel	grauweisslich bis hellbräunlich, im Alter schmierig	goldgelb, unten braun, faserigflockig	weiss, über dem Ring gelb, mit feinen braunen Punkten	mit gelben und/der bräunlichen Tönen			
Ring		+		ı			
Hut	grauweisslich bis bräunlich	goldgelb	braungelb, bräunlich, braunrötlich, ockergelb				
	Huthaut leicht ablösbar				Huthaut schwer ablösbar		

Tab. 1.4.1

Tab. 1.4.2

	Rotfussröhrling (Xerocomus chrysenteron)	Schönfuss-röhrling (Dickfuss-röhrling. B. calopus)	Satanspilz (B. sata-nas)	Flockenstie-liger Hexenröhr-ling (B. erythropus)	Netzstieli-ger Hexen-pilz (B. luridus)	Gallenröhrling (Tylopilus felleus)
Name			Boletus			
Sonstiges	VII-IX; Laub- und Mischwald; essbar; wenn Stiel höchstens rötlich-braun, dann Ziegenlippe (Tab. 1.4 c)	VII-X; v. a. Buchenwald; bitter und schlecht verträglich	VIII-IX; lichte Laubwälder (Kalk, Grundmoränen); sehr selten; sehr giftig!	V-IX; Nadel- und Laubwald; guter Speisepilz, roh aber giftig!	VI-X; lichter Laubwald; guter Speisepilz, roh aber giftig! auf Kalkboden	VI-IX; lichter Nadelwald; gallenbitter, daher ungeniessbar
Fleisch	blau, dann rötlich	bläulich-grün, später wieder entfärbend	schwach bläulich	sofort blau, verblassend	erst blau, dann rötlich	nicht anlaufend
	an der Luft anlaufend					
	gelb	weisslich		gelb		weiss
Hut	bläulich, rissig-felderig	graugelb bis graubraun	blass-grau	hell- bis dunkelbraun, samtfilzig		
Stiel	ohne Netz	Netz bei Berührung schmutzig-grün	gelber Grund mit roten Netz	gelber Grund mit oben orangeroten, unten purpuroten Flocken	oben gelb, unten purpurn mit rotgelbem Netz	mit bräunli-chem, grob-maschigem Netz
	oben gelb, unten rotfilzig					
	schlank	sehr dick		ziemlich dick		
Habitus						
Farbe von Stiel und Röhrenmündg.	nur Stiel mit rötlichen Farbtönen, Röhren gelb bis oliv		Stiel und Röhrenmündungen mit roten Farbtönen			S. oliv-braun, Rö. rosa

Tab. 1.4.3

Name	Strubbelkopf (Strobilomyces floccopus)	Rotkappe (L. rufescens)	Hainbuchen-Röhrling (L. carpini = L. nigrescens)	Birken-Röhrling (L. scabrum)	Maronen-Röhrling (X. badius)	Ziegenlippe (X. sub-tomentosus)	Hohlfuss-Röhrling (Boletinus cavipes)	Steinpilz (Boletus edulis)
			Leccinum		Xerocomus			

| Habitus | auch Stiel grobflockig | | Stiel feinschuppig | | | | | |

| Sonstiges | Genuss nicht zu empfehlen; VII-X; Laubwald, v. a. Gebirge (Kalk) | VI-XI; Heiden, unter Birken | VI-X; unter Hainbuchen, Hasel, Espen, Birken | VI-X; unter Birken | VI-IX; v. a. Nadelwald (Sandboden) | VII-X; Laub- u. Nadelwald | Huthaut wildleder-artig; VIII-X; unter Lärchen; jung essbar | blasses Stiel-netz; VII-X; Nadel- und Laub-wald; guter Speisepilz |
| | | | gute Speisepilze | | | | | |

| Fleisch | nicht anlaufend | schwärzend | | nicht anlfd. | bläuend | nicht anlaufend | | |
| | weiss | | | | gelblich-weiss bis grünlich-gelb | | | weiss |

| Röhren | Poren klein | | | | Poren gross, zu-sammengesetzt | | | Poren klein |
| | zuerst weiss, dann schmutzig-weiss oder grau | | | | gelb | | | zuerst weiss, dann grünlich-gelb |

| Stiel | massiv | | | | | | hohl | massiv |
| | schlank, nach unten nur wenig dicker werdend | | | | | | | sehr dick |

| Hut | mit grossen dunklen, abstehenden Schuppen | rötlich | mit braunen Farbtönen | | | | | |
| | | glatt, ohne abstehende Schuppen, nur bei der Ziegenlippe z. T. rissig-felderig | | | | | | |

157

Tab. 1.5: Hutpilze mit Leisten oder mit glattem Hymenophor

	Erdwarzenpilz (Thelephora terrestris)	Rötlicher Gallerttrichter (Guepinia helvelloides, Tremellales)	Toten-, Herbsttrompete (Craterellus cornucopioides)	Trompeten-P. (C. tubaeformis)	Pfifferling (C. cibarius)	Schweinsohr (Gomphus clavatus)
Name				Pfifferling (Cantharellus)		
			essbar			
Sonstiges/Habitus	Fruchtkörper sehr unregelmässig, z. T. Hindernisse umwachsend, mit weiss-faserigem Rand; ganzjährig, v. a. aber im Herbst; Laub- und Nadelwald; ungeniessbar	VII–X; auf Erde und morschem Holz, v. a. in Nadelwald (Kalkboden)	unterseits grau bereift; Fleisch dunkel; v. a. VIII–IX; Laub-, bes. Buchenwald	VIII–XII; feuchte, moosige Nadelwälder; ähnlich: Duftender Leistling (C. lutescens) mit kräftig orangerotem Stiel	VI–XI; Laub- und Nadelwald; Verwechslung mit Falschem Pfifferling möglich: dieser ist orangefarben, trichterig, etwas zäh, dünnfleischig und hat einen regelmässigen Hut mit eingerolltem Rand sowie einen bräunenden Stiel (vgl. Tab. 1. 5) / Falscher P.	kein deutlicher Stiel ausgebildet; VIII–XI; v. a. in jungen Nadelwäldern (meist in Hexenringen)
			tief trichterförmig			
Farbe	dunkel- oder rostbraun (schwach violett)	rötlich bis fleischfarben	trocken, grau, feucht schwärzlich	Hut braun bis oliv, Stiel gelb	gelb, var. pallidus im Buchenwald blassgelb	hell braunviolett
Fleisch	lederig, zäh	gallertig	dünn, biegsam		dick	
Hymenophor	glatt oder warzig			mit gegabelten Leisten		

Tab. 1.6: Lorcheln, Morcheln, Stinkmorchel

Ascomycetes — selten

Name	Herbstlorchel (Helvella crispa)	Elastische Lorchel (Leptopodia ephippium = Helvella elastica)	Speiselorchel (Gyromitra esculenta) ähnlich: Riesenlorchel (Neogyromitra gigas)	Speisemorchel (Morchella esculenta)	Spitzmorchel (Morchella conica)	Stinkmorchel (Phallus impudicus, Gasteromycet, Basidiomycet)
Sonstiges/Habitus	Gebüsch, Waldränder; essbar; ähnlich, aber dunkler: Grubenlorchel (H. lacunosa)	lichte Laub- und Nadelwälder; wertlos	v. a. in sandigen Kiefernwäldern; in O-Europa abgekocht in grossen Mengen gegessen, enthält aber gefährliche Giftstoffe (roh)	frische Laubwälder, v. a. unter Eschen; guter Speisepilz	Gebüsch, Nadelwald; essbar; ähnlich sind M. elata und M. deliciosa	Wälder, Gärten; jung (als "Hexenei") essbar; der Sporenschleim wird von Aasfliegen verbreitet
	VII-IX		IV - V			VI-IX
Stiel	knorpelig, tief netzartig gefurcht, mit einzelnen röhrigen Hohlräumen	im ausgewachsenen Zustand hohl / fest, ohne Scheide				schwammigporös, mit Scheide
	schwach gefurcht bzw. mit Längswülsten		± glatt			
Hut	buckelighöckerig; weisslich bis ocker	relativ glatt; gelbbraun	rotbraun, später kaffeebraun	rundlich, mit unregelmässig angeordneten Gruben; gelbbis olivbraun	stumpfkegelig, mit Gruben in Längsreihen; grau- bis schwarzbraun	stumpfkegelig, mit grünlichschwarzem, stinkendem Schleim überzogen
	± sattelförmig		hirnartig gefaltet	wabig, oval bis stumpfkegelig		

159

Tab. 2: Fruchtkörper muschel- oder konsolenförmig, dachziegelig oder krustenförmig, auf Holz

Name/Tabelle	Eispilz (Pseudohydnum gelatinosum)	s. Tab. 1.1.1 S. 140 Zwergknäueling, Knäueling, Seitling, Stummelfüsschen, Spaltblättling	s. Tab. 2.1 S. 161 Blättling, Wirrling, Nadelholzporling, Rötende Tramete	s. Tab. 2.2 S. 162 Konsolenförmige Porlinge mit ungeschichtetem Hymenium	s. Tab. 2.3 S. 164 Zähe, konsolenförmige Porlinge mit geschichtetem Hymenium	s. Tab. 2.4 S. 165 Stereaceae, Hymenochaetaceae, Cortiaceae, Ustulina	Meruliaceae (häufig Orangefarb. Kammpilz, Phlebia aurantiaca)	Asterodon, Odontia, Schizopora u. a.	Resupinate Porlinge z. B. die Arten der Tab. 2.2. und 2.3
Sonstiges/Habitus	gehört zu den Tremellales								
Hutoberseite	glatt	glatt oder feinfilzig oder fein geschuppt	glatt, warzig oder filzig	glatt oder filzig, z. T. konzentr. gezont	mit harziger Kruste	abstehende Kanten z. T. mit Haarfilz			
		ohne Kruste							
Schichtung	nicht geschichtet				geschichtet, mehrjährig	teilweise mehrjährig und geschichtet	nicht geschichtet		
Hymenophor	stachelig	auf Lamellen	lamellig oder labyrinthisch	porig		glatt, z. T. runzelig oder warzig	runzelig oder gefältelt	stachelig oder mit Zähnen	porig
Fleisch	gelatinös	weich bis zäh	± zäh, korkig oder sehr hart			zäh, dünn, oft biegsam oder teerartige schwarze Kruste bildend			zäh oder brüchig, ± hart
Fruchtkörper	konsolenförmig vom Substrat (Holz) abstehend oder ± dachziegelig					± krustenförmig, dem Substrat (Holz) anliegend, an den Kanten z. T. dachziegelig abstehend			

Tab. 2.1: Zähe, konsolenförmige Porlinge mit labyrinthischem oder lamelligem Hymenophor (vgl. **Tab. 2.2**)

Name	Nadelholzporling (Hirschioporus spp., früher Trametes)	Birkenblättling (Lenzites betulina)	Eichenwirrling (Daedalea quercina)	Rötende Tramete (Trametes confragosa = Daedaleopsis confragosa)	Zaun-B. (G. sepiarium)	Tannen-B. (G. abietinum)
					Blätling (Gloeophyllum)	
Sonstiges/Habitus	oft weit am Substrat herablaufende Beläge bildend	von oben ähnlich Coriolus (Trametes) hirsutus	kräftiger, grosser Pilz, im Schnitt dreieckig	Fruchtkörper meist halbkreisförmig	häufig in Fichtenwäldern, v. a. Kahlschlägen und Windbrüchen	schmale, am Substrat entlanglaufende Fruchtkörper (meist ohne helle Zuwachskante)
Substrat	Fichte: H. abietinus; Kiefer: H. fuscoviolaceus	v. a. Birke u. Buche	fast nur Eiche	v. a. Erle und Weide	Stümpfe, Phähle usw.	verarbeitetes Holz an feuchten Stellen, z. B. Brücken
	Nadelholz	Laubholz			Nadelholz	
Trama	Duplexstruktur: oben heller als unten	weiss bis hell korkfarben		braun (bis zimtfarben)		
Unterseite	ganz jung z. T. porig	entfernte Lamellen	labyrinthisch (daedaloid); Wände sehr dick	langgestreckte Poren, labyrinthisch oder lamellig		dicke, entfernte Lamellen
	violett	weiss (bis holzfarben)		braun		
Oberseite	feinfilzig	zottig behaart	stark runzelig-höckerig	schwach runzelig	rauh	
	nicht gezont	konzentrisch gezont				
	hellgrau bis hell graubraun			rotbraun	d'braun bis schwärzlich, meist mit orangebrauner Zuwachskante	

161

Tab. 2.2: Konsolenförmige Porlinge mit ungeschichtetem Hymenium

Name	Schwefelporling (Laetiporus sulphureus)	Birkenporling (Piptoporus betulinus)	Saftporling (Tyromyces)	Nördlicher Schwammporling (Spongipellis borealis)	Buckeltramete (Trametes gibbosa)	Striegeliger Porling (Coriolus = Trametes hirsutus/-a)	Schmetterlingsporling (Coriolus = Trametes versicolor)
Sonstiges/Habitus	jung essbar — oft sehr gross, dachziegelig; Hindernisse werden umwachsen; auch parasitisch	grosse Fruchtkörper; VII-X; an Birken		Trama oben schwammig, unten längsfaserig; Fichten, Tannen	oft zur Anwachsstelle hin mit dickem Höcker	Oberseite striegelig behaart	Oberseite erinnert an Flügelzeichnung von Nachtfaltern, ähnlich: T. zonata
	Rotfäule			Weissfäule			
Substrat	Laubholz			Nadelholz	Laubholz		
Trama	im Alter härter u. brüchig	dick, etwas zäh	saftig		zäh, lederig		
	± weich						
Oberseite	gelb	weisslich, später graubraun; Haut abziehbar!	weiss, z.T. blauend (T. caesius, T. subcaesius)	weisslich, gelblich	weisslichgrau, im Alter oft durch Algen grün		bunt gezont (braunschwarz, rot- oder gelbbraun)
	kahl				behaart		
Poren	sehr eng, jung gelbe Tropfen absondernd	Porenschicht dünn.	rundlich, alt zerschlitzt	ungleich weit, $\varnothing$ bis 2 mm	rechteckig, radial-gestreckt		im Alter zerschlitzt und oft zahnartig
		eng					rundlich
	gelb	weisslich oder cremefarben (beim Saftporling auch bläulich)					

Tab. 2.2.1

	Angebrannter Porling (Bjerkandera = Trametes adusta)	Schiller-, Rostporling (Inonotus spp.)	Braunporling (Phaeolus schweinitzii)	Fenchelporling (Osmoporus odoratus)	Zinnoberporling (Pycnoporus = Trametes cinnabarinus)
Name					
Sonstiges / Habitus	Wuchsform sehr variabel, zu Beginn der Fruchtkörperbildung meist resupinat — oft stark herablaufend, mit zahlreichen dachziegeligen Hüten	I. hispidus: gross, oft auf Obstbäumen; I. nodulosus auf Buche, I. radiatus auf Erle	vielgestaltig. Zuwachskante heller; v. a. auf Kiefer; vgl. Tab. 1.3 a	starker Geruch nach Fenchel oder Anis	auch Mycel zinnoberrot
Substrat	Laubholz	Laubholz	Nadelholz	Nadelholz	Laubholz
Trama	hell	braun	braun	braun	zinnoberrot
Oberseite	gelblich-ocker, Rand schwärzlich ("angebrannt"!), z. T. radialfaserig — kahl	dunkelbraun — braunfilzig	dunkelbraun, gezont — braunfilzig	d'braun bis braunschwarz, unregelmässig wulstig; Zuwachskanten gelborange — kahl	zinnoberrot — kahl
Poren	± eng — grau (schwärzend)	schillernd! (bes. von der Seite gesehen)	olivgrün, bei Druck bräunend, alt labyrinthisch	klein, rundlich bis eckig, zusammenlaufend	. — zinnoberrot

Bei Schiller-, Braun- und Fenchelporling: jung hell (ocker, gelblich oder weisslich), schnell dunkler werdend, im Alter meist dunkelbraun

Tab. 2.2.2

Tab. 2.3: Zähe oder harte, konsolenförmige Porlinge mit geschichteter Porenschicht (mehrjährige FK)

Name	Wurzeltöter-schwamm (Heterobasidion annosum, Fomitopsis a.)	Fichten-porling (Fomes = Fomitopsis pinicola)	Flacher Lackporling (Ganoderma applanatum)	Zunder-schwamm (Fomes fomentarius)	Feuer-schwamm (Phellinus spp.)	Fenchel-porling (vgl. Tab.2.2.2)
Sonstiges/Habitus	sehr gefährlicher Parasit (Stammfäule)		z. T. mit "Zitzengallen" der Pilzmücke Agathomya	früher für Zunder	früher als Brikettersatz; häufig: P. igniarius; P. pomaceus auf Prunus-Arten; stellenweise P. pini auf Kiefern	Rotfäule: starker Geruch nach Anis oder Fenchel
Fäule	Weiss-Lochfäule	Braunfäule	Weissfäule			
Substrat	Nadelholz, v. a. Stammgrund	Laub- u. Nadelholz	v. a. Buche / Laubholz		Laub- oder Nadelholz	Nadel-holz
Röhren	weisslich	bräunlich-gelb	weisslich bis zimtbraun	holzfarben-hellbraun	zimtbraun	hell-braun
Trama	weisslich	holz-farben	rost-braun	hellbraun, mit Mycelialkern	zimtbraun, meist viel dünner als Röhrenschichten	gelb-braun
	korkig-holzig	wergartig (zunderartig)			hart, holzartig	korkig
	weiss bis holzfarben	braun				
Poren	weisslich	erst weiss oder hellgrau, dann braun werdend				braun
Oberseite	sehr stark runzelig	± glatt, mit konzentrischen Furchen, aber z. T. höckerig				Kruste undeutlich; wulstig-unregelmässig; zweifarbig
	mehrfarbig: Zuwachskante zuerst weiss, dann rotbraun, dann grau bis grauschwarz	einfarbig: grau, graubraun, leder- oder schokoladenbraun				
	mit Kruste (grau oder braun, matt oder glänzend)					

Tab. 2.4: Resupinate und halbresupinate Holzpilze mit glattem Hymenium

Name	Blutender S. (S. sanguinolentum)	Runzliger S. (S. rugosum)	Zottiger S. (S. hirsutum)	Violetter Schichtpilz (Chondrostereum purpureum)	Borstenpilz (Hymenochaete spp.)	Corticium evolvens	Peniophora spp.	Rindensprenger (Vuilleminia commedens)	Brandkrustenpilz (Ustulina deusta)
	Schichtpilz (Stereum)				Rindenpilz				
Sonstiges/Habitus	Synbiose mit Holzwespe (Sivix)	sehr formenreich		besonders an Schnittflächen	H. tabacina: gelber Rand	eine der häufigsten Rindenpilz-Arten	meist wirtsspezif.; häufig auf morschen Eichenästen	Borke wird gesprengt und rollt sich auf	Sammel-FK.; Ascomycet (Sphaeriales, Xylariaceae)
Substrat	Nadelholz	selten auch auf Nadelholz		v. a. Buche, Birke, Pappel	Eiche: H. rubiginosa; Hasel, Weide: H. tabacina	z. T. auch Nadelholz	Eiche: P. quercina; Kiefer: P. pini	v. a. Eichenäste	am Grund von Stämmen u. Stümpfen
				(meist) Laubholz					
Oberseite	lederbraun, gezont, haarig	braun, runzelig	gelb-grau, gezont / grau-violett bis grau (filzig)	d'braun, gezont, furchig	weiss, fein radiär-faserig	–			
Hymenium	blassgrau bis cremefarben, Rand weiss	graugelb, höckerig-buckelig	orangegelb bis gelbbraun	purpur- bis grauviolett	d'braun, mit feinen Borsten (Lupe!)	schneeweiss bis hellocker, glatt bis rundhöckerig	grau, violett oder bräunlich	gelbgrau-weisslich, feucht gelatinös	jung grau, mit weissem Rand, dann schwarz, fein getüpfelt
	feucht bei Reiben rot anlaufend	bei Reiben nicht rot anlaufend				völlig resupinat			
	am senkrechten Substrat abgebogene Hutkanten bildend								

165

Tab. 3: Fruchtkörper keulen- oder korallenförmig

	Ascomyceten		Basidiomyceten						Ascomyc.
Name	Vielgestaltige Holzkeule (Xylaria polymorpha)	Erdzunge (Geoglossum)	Keulenpilze (Clavaria, Clavaria-delphus)	Korallenpilze (Clavulina, Ramaria)	Krause Glucke (Sparassis crispa)	Stinkende Lederkoralle (Thelephora palmata)	Hörnling (Calocera viscosa)		Geweihförmige Holzkeule (Xylaria hypoxylon)
Habitus	Sammel-frucht-körper								Sammel-frucht-körper
Substrat	morsches Holz, v.a. Baumstümpfe	Boden			über Kiefernzapfen	Boden (Nadelwald)	Holz		
Konsistenz	hart	knorpelig	später zuweilen zähfaserig			lederartig, korkig	knorpelig-zäh bis gallertig, sehr elastisch		hart, zäh
			weich, fleischig						
Oberfläche	warzig (Perithecienmündungen)	mit kurzen spitzen Borsten	oder etwas runzelig						Spitze bestäubt, basal warzig (Perithecienmündungen)
			glatt						
Farbe	schwarz	meist grau-schwarz	gelb oder orange, grau oder hellviolett, seltener weiss	weisslich, blass gelblich		anfangs hell, später schokoladenbraun	orange-gelb		Spitzen weiss (Konidien), basal schwarz
	dunkel		± hell, oft gelblich						
Astquerschnitt	rundlich				stark abgeflacht		rundlich		etwas abgeflacht
Verzweigung	unverzweigt, keulig, z.T. büschelig				blumenkohlartig		gabelig verzweigt (oder fast unverzweigt)		Spitzen geweihartig verzweigt
				stark verzweigt					
				korallenartig verzweigt					

166

Tab. 4: Fruchtkörper gelatinös-gallertig, ± klumpenförmig, gefaltet oder lappig bis «hirnförmig»

	Basidiomyceten					Ascomyceten	
Name	Hexenbutter, Warziger Drüsling (Exidia glandulosa)	Goldgelber Zitterling (Tremella mesenterica)	Kandisfarbener Drüsling (Exidia saccharina)	Gallerträne (Dacrymyces delinquescens)	Judasohr (Auricularia auricula-judae)	Schmutzbecherling (Bulgaria inquinans)	Gallertbecher (Coryne sarcoides)
Sonstiges/Habitus	erzeugt rasch fortschreitende Weissfäule	sehr variabel in Form und Grösse	im Norden häufiger, im Süden seltener	überall häufig	nicht häufig	zäh; meist in Scharen	vgl. Tab. 5.1 S. 168 wenn rosa, kreiselförmig: Neobulgaria pura
Wachstumsperiode	vorwiegend im Winter			ganzjährig (wenn feucht)	Spätherbst	IV-XI	Spätherbst
Substrat	Laubholz		Nadelholz, v. a. Kiefer	Nadelholz (nicht Borke!)	morsche Holunderbüsche	liegendes Eichenholz	v. a. faulende Laubholzstümpfe
Fruchtkörper Farbe	schwarz	goldgelb	braunrot (wie Kandiszucker)	zuerst goldgelb, später weissgelb	rotbraun (fleisch- bis lederbraun)	schwarz	violett
Fruchtkörper Form	± klumpig; Oberfläche gefaltet oder gewunden, "hirn"- oder "gekröseartig"		kugelig, klein, später zu höckerig-gefurchter Gallertmasse zusammenfliessend		aus einzelnen Lappen zusammengesetzt, z.T. "ohr"- bis bis konsolenförmig	kreiselförmig; Hymenium kaum eingesenkt	becher-, kreisel- oder zungenförmig, schlank; meist mehrere Fruchtkörper beieinander

Tab. 5: Fruchtkörper scheiben-, teller-, becher-, kreisel- oder ohrlöffelförmig
a) Fruchtkörper pergamentartig, brüchig-spröde oder gallertartig .... Tab. 5.1
b) Fruchtkörper wachsartig, fleischig oder zäh-knorpelig .... Tab. 5.2

Name	Sonstiges/Habitus	Substrat	Fruchtkörper Farbe	Fruchtkörper Form	Grösse	Konsistenz
Basidiomyceten						
Tiegelteuerling (Crucibulum levis = C. vulgare)	VI-X	abgefallene Zweige	gelb-braun	tief becherförmig, mit linsenartigen Körperchen am Boden des Bechers	0,5 - 1 cm	pergamentartig
Teuerling (Cyathus)	Herbst; C. striatus innen gestreift	Humus oder moderndes Holz	dunkel-braun	zuerst ± kugelig; nach dem Ausstäuben der Sporen becherförmiger Restfruchtkörper zurückbleibend	grössere Pilze	pergamentartig
Riesenbovist, Hasenbovist (Calvatia)	VI-X; vgl. Tab. 6.1	meist sandige Wiesen	grau bis weiss, gelblich oder bräunlich			
Ascomyceten						
Eckenscheibchen (Diatrype disciforme, Sphaeriales)	v. a. im Herbst; Sammelfruchtkörper	morsche, berindete Laubholzäste	dunkel grau-braun bis schwarz	scheibenförmig, mit wenigen Pünktchen getüpfelt	0,5 cm	spröde
Schmutzbecherling (Bulgaria inquinans, Helotiales)	zäh; meist in Scharen; IV-XI; vgl. Tab. 4 S.167	liegendes Eichenholz	schwarz	kreiselförmig; Hymenium kaum eingesenkt	1 - 3 cm	gallertig
Violetter Gallertbecherling (Coryne sarcoides, Helotiales)	bei grosser Feuchtigkeit in schleimige Klümpchen zerfallend; Spätherbst vgl. Tab. 4 S.167	v. a. faulende Laubholzstümpfe	violett	becher-, kreisel- oder zungenförmig, schlank; meist mehrere FK zu ± klumpigen Gebilden zusammengeschlossen	bis 1 cm	gallertig

Tab. 5.1

Tab. 5.2

	Ascomyceten							
	Pezizales			Helotiales		Pezizales		
							Otidea	
Name	Gelbmilchender Becherling (Galactinia succosa)	Kastanienbrauner Becherling (Galactinia badia)	Orangeroter Becherling (Aleuria aurantia)	Zitronengelber Reisigbecherling (Bisporella = Calycella citrina)	Weitere Scheibenpilze (Helotiales)	Kelchbecherling (Pustularia)	Hasenohr (Otidea leporina)	Eselsohr (Otidea onotica)
Sonstiges/Habitus	* gelber Milchsaft			* in Scharen	*			
Jahreszeit	Mai - Oktober			Herbst und Winter	v.a. Herbst u. Winter	Juli bis Oktober	Juli - November	
Substrat	kahle Böden, Wegränder	sandige bis lehmige Böden	kiesig-lehmige Böden	v.a. morsche Zweige		Humus	Fichtenwald	v.a. Laubwald
	Waldboden			Holz		Waldboden		
Farbe	braun (oliv)	dunkelbraun	orangerot	zitronengelb	verschieden	grau bis graubraun	oliv oder rötlich	gelblich
Form	becherförmig vertieft; Rand oft unregelmässig gelappt oder aufgerissen			scheibenförmig	becher- bis scheibenförmig	becherförmig; Rand gekerbt	ohrlöffelartig	
	über 1 cm gross			recht klein		über 1 cm gross		
	Basis ungestielt					Basis bildet kurzen Stiel		
	± symmetrisch					asymmetrisch		

Die Tabelle zeigt nur eine sehr kleine Auswahl.
Bei * gibt es viele ähnliche Arten.

Tab. 6: Fruchtkörper kugelig, knollig, birnenförmig (Außenhülle z. T. sich sternförmig öffnend)

a) Fruchtkörper oberirdisch . . . . **Tab. 6.1**
b) Fruchtkörper unterirdisch oder halb unterirdisch . . . . **Tab. 6.2**

Name	Basidiomyceten					Ascomyceten		
	Stielbovist (Tulostoma) v. a. T. brumale	Erdstern (Geastrum), Wetterstern (Astraeus)	Riesen- und Hasenbovist (Calvatia spp.)	Stäubling (Lycoperdon), Bovist (Bovista)	Kartoffel-bovist (Scleroderma)	Kohliger Kugelpilz (Daldinia concentrica)	Kohlenbeere (Hypoxylon fragiforme)	Pustelpilz (Nectria)
Sporenmasse/ Längsschnitt	ockergelblich; ohne Columella und ohne radiale Lamellen; sandige Böden, Heiden	mit Columella: Erdstern; ohne Columella: Wetterstern	ocker bis braun; meist gegen einen sterilen Stielteil abgesetzt		schwarzviolett, die ganze "Knolle" aus-füllend; giftig!	Perithecien in konzentri-schen Zonen	Perithecien nur an der Peripherie	hell
							Sammel-fruchtkörper	
Fruchtkörper	mit deutlich abgesetztem, unterirdischem, verlängertem Stiel	mit sternförmig sich öffnender Aussenhülle	bei Sporenreife durch Zerfall der Oberhaut becherförmig	bei Sporenreife nur kleine Pore bildend	kartoffelähnlich, länger als breit, ungestielt, rautenförmig-rissig	kugelig (⌀ bis 2 cm), teilweise miteinander verwachsen		stecknadelkopfgrosse Pusteln
	weiss, gelblich oder rötlich, im Alter ± olivbraun bis schmutzigbraun					schwarz oder rötlichbraun		kräftig zinno-berrot
	± weich, im Innern wattig-pulverig					hart		
Sub-strat	Boden (selten Holz: Birnenstäubling)					Holz		

Tab. 6.1

Tab. 6.2

	Ascomyceten		Basidiomyceten		
Name	Hirschtrüffel (Elaphomyces)	Echte Trüffeln (Tuberales)	Wurzeltrüffel (Rhizopogon)	Schleimtrüffel (Melanogaster)	"Hexenei" der Stinkmorchel (Phallus impudicus) vgl. Tab.1.6 S.159
Sporenmasse/Habitus/Sonstiges	reif braunschwarz, von feinen radialen Adern durchsetzt; ungeniessbar	± gekammert, im Schnitt deshalb ± aderig, mäanderartig; starker Geruch (Trüffelhunde, -schweine)	zuerst weiss, zuletzt oliv-bräunlich, in sehr kleinen Kammern, die z. T. aderig gewunden sind; jung essbar, aber nicht empfehlenswert	in geschlossenen, mit Gallerte erfüllten kleinen Kammern, reif dunkel gefärbt	gallertig unter der Oberhaut, später aus-wachsend, ohne Haut essbar
Fruchtkörper — Farbe	hell- bis dunkelgelb, auch rötlich	weisslich, bräunlich oder schwärzlich	weiss oder bräunlich	bräunlich, goldgelb, rötlich-braun	weisslich bis bräunlich
Fruchtkörper — Form	rundlich bis nierenförmig, feinwarzig; bis Hühnerei-grösse; Mycel gelb	glatte oder warzige, meist etwas unregel-mässige Knolle	auf der ganzen Oberfläche mit Mycelrhizoiden; reif oft aus dem Boden tretend	mit filziger Oberfläche, walnuss- bis kartoffelgross	rund, glatt, etwas gefeldert

Arbeitsaufgaben

1. Sammeln Sie Pilze und sortieren Sie diese nach systematischen Gruppen. Am besten wird jede Art auf ein Tablett oder in einen Pappkarton gelegt. Jeder Teilnehmer versucht, seine Pilze richtig zuzuordnen. Neue Arten legt er auf ein neues Tablett und versucht dieses in die richtige Verwandtschaftsgruppe einzuordnen.
   Nachdem die Teilnehmer eine Weile selbständig gearbeitet haben, wird Tablett für Tablett gemeinsam besprochen und auf «Einheitlichkeit» kontrolliert. Die jeweilige Gruppenzugehörigkeit (bei Blätterpilzen Familien bzw. Gattungen, sonst Ordnungen oder Unterklassen) wird festgestellt und gegebenenfalls werden die Tabletts umgestellt.
   Zum Schluß wird die ganze Ausstellung richtig beschriftet (Arbeitsteilung!).
2. Substratspezifität holzbewohnender Pilze: Verschiedene Arbeitsgruppen sammeln Holzpilze von Buche, Eiche, Fichte usw. Welche Pilzarten wachsen auf demselben Substrat? Welche Pilzarten wachsen nur auf Laubholz, welche auf Nadelholz? Welche Pilze kommen nur auf einer Baumart vor? Wie verteilen sich die holzzerstörenden Pilzarten im System?
3. Sukzession holzzerstörender Pilze an Holzstapeln: Untersuchen und vergleichen Sie den Pilzbewuchs an unterschiedlich alten Holzstapeln (evtl. vorherige Erkundigung bei Forstamt)!
4. Mykorrhiza: Welche Pilze findet man unter welchen Bäumen?
5. Beobachten Sie die geotropische Reaktion von Fruchtkörpern (geht sehr gut mit Amanita-Arten!). Dazu Fruchtkörper waagrecht legen oder waagrecht in ein Stativ spannen. Durch ungleiches Streckungswachstum des Stiels wird der Hut in wenigen Stunden wieder in eine aufrechte Position gebracht.
6. Beobachten Sie den Sporenregen verschiedener Pilze. Notieren Sie die Sporenfarbe (weißes Papier als Unterlage).

Literatur

(Von dem großen Angebot populärwissenschaftlicher Pilzbücher führen wir nur eine kleine Auswahl an).

AMANN, G.: Pilze des Waldes. Neumann-Neudamm, Melsungen 1974 (4. Aufl.).

BRANDENBURGER, W.: Vademecum zum Sammeln parasitischer Pilze. Ulmer, Stuttgart 1963.

BREITENBACH, J. und KRÄNZLIN, F.: Pilze der Schweiz. Bd. I: Ascomyceten. Mykologia, Luzern 1981.

BRESINSKY, A. und HAAS, H.: Übersicht der in der Bundesrepublik Deutschland beobachteten Blätter- und Röhrenpilze. Beih. zur Zeitschr. f. Pilzkunde *1* (1976).

CETTO, B.: Der große Pilzführer. Bd. 1, 2, 3. BLV, München/Wien/Zürich 1978, 1979.

DÄHNCKE, R. M.: Pilzsammlers Kochbuch. Die besten Speisepilze sicher bestimmen und schmackhaft zubereiten. Gräfe und Unzer, München 1975.

– Pilzkompaß. Gräfe und Unzer, München 1976.

– Wie erkenne ich Pilze? Aargauer Tagblatt-Verlag, Aarau 1978.
– und DÄHNCKE, S. M.: 700 Pilze in Farbfotos. Aargauer Tagblatt-Verlag, 3. Aufl. Aarau 1980.
ENGEL, F.: Pilzwanderungen. Eine Pilzkunde für Jedermann. Franckh, Stuttgart 1971 (3. Aufl.).
ERHART, J., ERHART, M. und VANCURA, B.: Der Kosmos-Pilzführer. Die Pilze Mitteleuropas, Kosmos Naturführer. Franckh, 2. Aufl. Stuttgart 1981.
FLAMMER, R.: Differentialdiagnose der Pilzvergiftungen, G. Fischer, Stuttgart/New York, 1980.
HAAS, H.: Pilze Mitteleuropas. Speise- und Giftpilze. Franckh, Stuttgart 1973 (11. Aufl.).
HAAS, H. und SCHREMPP, H.: Pilze in Wald und Flur. Franckh, Stuttgart 1970.
– Pilze, die nicht jeder kennt. Franckh, Stuttgart 1972.
HÖLLTHALER, L.: Pilzdelikatessen. Hedeke-Verlag, 1979.
JAHN, H.: Wir sammeln Pilze. Bertelsmann, Gütersloh 1964.
– Pilze rundum (Nachdruck). Koeltz, Königstein 1979.
– Mitteleuropäische Porlinge (Polyporaceae s. lato) und ihr Vorkommen in Westfalen. Bibliotheka Mycologica. Cramer, Vaduz 1976 (Nachdruck von 1964).
– Pilze, die an Holz wachsen. Busse, Herford 1979.
KREISEL, H.: Die phytopathogenen Großpilze Deutschlands. VEB G. Fischer, Jena 1961.
LANGE, J. E. und LANGE, M.: Pilze. BLV, München 1975 (6. Aufl.).
LAUX, H. und H. E.: Kochbuch für Pilzfreunde. Kosmos Franckh, Stuttgart 1980.
MEIXNER, A.: Chemische Farbreaktionen von Pilzen. Cramer, Vaduz 1975.
MICHAEL, E. und HENNIG, B.: Handbuch für Pilzfreunde, Bd. I–V. Fischer, Jena 1958–1970, Neuauflagen: Bd. I 4. Aufl. 1979, Bd. III 3. Aufl. 1979, Bd. IV 2. Aufl. 1981) weitere Neuaufl. in Vorbereitung.
MICHAEL, E., HENNIG, B. und KREISEL, H.: Handbuch für Pilzfreunde, Bd. VI. Fischer, Jena 1975.
MOSER, M.: Basidiomyceten, II. Teil: Die Röhrlinge und Blätterpilze. In GAMS, H.: Kleine Kryptogamenflora. Bd. IIb/2. G. Fischer, Stuttgart, 4. Aufl. 1978.
– Ascomyceten. In GAMS, H.: Kleine Kryptogamenflora. Bd. IIa. G. Fischer, Stuttgart 1963 (Neuauflage in Vorbereitung).
POELT, J. und JAHN, H.: Mitteleuropäische Pilze. Sammlung naturkundlicher Tafeln, Bd. VI. Cronen-Verlag, Hamburg, 2. Aufl. 1967.
RAYNER, R.: Pilze erkennen, leicht gemacht. Kosmos Bestimmungsführer. Franckh, Stuttgart 1979.
RINALDI, A. und TYNDALO, V.: Pilzatlas. Hörnemann, Bonn-Röttgen 1974 (ital. Originalausgabe 1972).
SCHLITTLER, J. und WALDVOGEL, F.: Das große Buch der Pilze. Lizenzausg. Herder, Freiburg 1976 (Originalausgabe: Silva, Zürich 1972).

Ergänzungstabelle zur Gattung Tanne (Abies) (vgl. S. 40)

Name	Kolorado-T. (A. concolor)	Edel-T. (A. procera, A. nobilis)	Nordmanns-T. (A. nordmanniana)	Weiss-T (A. alba)	Küsten-T. (A. grandis)
Zweige / Sonstiges	gelb-oliv, kahl; locker benadelt; Heimat: W. Nordamerika	rotbraun, behaart; Heimat: W. Nordamerika	braun; Heimat: Kaukasus	grau, reichlich behaart; Knospen harzlos; Heimat: Süd- und Mitteleuropa	fein behaart bis kahl, Knospen harzig; Heimat: W. Nordamerika; Nadeln zerrieben nach Orangen duftend
Zapfen	bis 15 cm	bis 25 cm, bis 8 cm dick	dunkelbraun — bis 20 cm	hellbraun — bis 20 cm	klein (bis 10 cm); Deckschuppen verborgen
Nadeln — Form	bis 5 cm, weich	kurz, kräftig	bis 3 cm lang	bis 3 cm lang	ungleich lang, bis 5 cm
Nadeln — Stellung	nicht deutlich gescheitelt	nicht deutlich gescheitelt	nicht deutlich gescheitelt	nicht deutlich gescheitelt	deutlich gescheitelt
Nadeln — Farbe	Nadeln oben und unten mit hellen (nicht weissen) Streifen	Nadeln oben und unten mit hellen (nicht weissen) Streifen	Nadeln auf der Unterseite mit zwei weissen Streifen	Nadeln auf der Unterseite mit zwei weissen Streifen	Nadeln auf der Unterseite mit zwei weissen Streifen

Sachverzeichnis

Namenverzeichnis*

* Kursiv gedruckte Seitenzahlen beziehen sich auf die Tabellen.

Printed in the United States
By Bookmasters